U0256936

中国生态文明理论与实践研究丛书

减污降碳协同增效政策与实践（一）

Policies and Practices for Synergizing the Reduction of Pollutants and GHG Emissions（I）

李丽平　杨儒浦　冯相昭　李媛媛　等／著

社会科学文献出版社
SOCIAL SCIENCES ACADEMIC PRESS (CHINA)

前　言

当前我国生态文明建设同时面临实现生态环境根本好转和碳达峰碳中和两大战略任务，生态环境多目标治理要求进一步凸显，协同推进减污降碳已成为我国新发展阶段经济社会发展全面绿色转型的必然选择。为此，“十四五”时期，我国将把碳达峰碳中和纳入生态文明建设整体布局和经济社会发展全局，生态文明建设进入了以降碳为重点战略方向、推动减污降碳协同增效、促进经济社会发展全面绿色转型、实现生态环境质量改善由量变到质变的关键时期，推动减污降碳协同增效成为促进经济社会发展全面绿色低碳转型的总抓手。党的二十大报告提出要“协同推进降碳、减污、扩绿、增长”，并将此作为美丽中国建设的重要内容。应该说，推动减污降碳协同增效是我国立足新发展阶段大力推进生态文明建设的必然要求，是我国贯彻新发展理念统筹推进“五位一体”总体布局的必然选择，是我国构建新发展格局持续推进美丽中国建设的根本路径。在此背景下，深刻理解减污降碳协同增效的内涵、全面分析减污降碳协同增效的政策安排、科学评估减污降碳协同增效的实践案例等具有重要的理论和时代意义。

基于此，生态环境部环境与经济政策研究中心研究人员（以下简称政研中心）在相关研究基础上，对减污降碳协同增效的内涵进行了阐释，对现有减污降碳协同增效政策进行了梳理和分析，同时回顾总结了国内外研究进展和相关国际经验，并结合在城市和工业园区不同层级以及工业、交通、印刷等具体领域的协同控制案例，较为立体地展示了当前减污降碳协同增效的政策与实践。

全书共十章内容，具体内容及作者分工如下：“第一章　减污降碳协同增效：内涵、意义及着力点”由李丽平、李媛媛、张彬执笔；“第二章　我国减污降碳协同增效政策分析”由李丽平、冯相昭（中国电子信息产业发展研究院）执笔；“第三章　减污降碳协同增效研究述评”由杨儒浦、冯相昭执笔；“第四章　典型城市减污降碳协同控制潜力评价研究——以渭南市为例”由冯相昭、王力执笔；“第五章　成都市减污降碳协同增效工作进展、问题及对策”由李媛媛、李丽平、邓也（成都市环境保护科学研究院）执笔；“第六章　唐山市协同减排大气污染物与温室气体潜力分析”由杨儒浦、冯相昭执笔；“第七章　工业园区减污降碳协同增效评估——以包头市稀土高新区为案例”由杨儒浦、冯相昭执笔；“第八章　工业部门污染物治理协同控制温室气体效应评价——基于重庆市工业部门的实证分析”由王敏、冯相昭执笔；“第九章　交通部门污染物与温室气体协同控制研究”由冯相昭、赵梦雪执笔；“第十章　无水印刷技术协同减排污染物与温室气体评估研究”

由李媛媛、李丽平等执笔。全书由李丽平、杨儒浦统稿。

本书得以编辑出版，很多人为此付出了大量辛勤劳动。相关章节资料收集工作得到了内蒙古自治区生态环境厅、内蒙古自治区生态环境低碳发展中心、成都市生态环境局、成都市环境保护科学研究院、唐山市生态环境局、重庆市环境保护科学研究院、美国环保协会等部门和机构的大力支持。本书的出版得到了习近平生态文明思想研究中心专项经费支持，政研中心钱勇主任、田春秀副主任、胡军副书记、俞海副主任对本书的编写给予了大力支持。社会科学文献出版社胡庆英编辑在出版过程中给予了鼎力帮助。在此一并表示衷心感谢！感谢所有对该项目提供帮助的单位和个人！

当然，我们深知，这些研究还很初步，存在诸多不足，恳请读者批评指正！

目　录

第一章　减污降碳协同增效：内涵、意义及着力点

当前我国生态文明建设同时面临实现生态环境根本好转和碳达峰碳中和两大战略任务，碳达峰碳中和目标与生态环境保护必须协同推进。"十四五"时期，我国进入以降碳为重点战略方向、推动减污降碳协同增效、促进经济社会发展全面绿色转型、实现生态环境质量改善由量变到质变的关键时期，要把实现减污降碳协同增效作为促进经济社会发展全面绿色转型的总抓手。因此，如何发挥减污降碳协同增效对于促进经济社会发展全面绿色转型总揽全局、牵引各方的重要作用是亟待研究的重大课题，具有重大现实意义和时代意义，必须在深刻把握内涵、充分认识意义和明晰现状基础上，积极务实，推动减污降碳协同增效。

第一节 深入理解减污降碳协同增效的内涵

减污降碳协同增效是实现减污和降碳等多目标的“帕累托改进”或“帕累托最优”。具体需要从环境、经济、社会、国际四个维度理解减污降碳协同增效的内涵。

第一个是环境维度的减污降碳协同增效。温室气体与大气污染物排放同根同源且相互作用，化石燃料燃烧不但产生二氧化碳等温室气体，也产生 $PM_{2.5}$、PM_{10}、二氧化硫、氮氧化物（NO_x）等大气污染物。这一维度的减污降碳协同增效是指，在控制温室气体排放的过程中减少其他污染物（例如 SO_2、NO_x、CO 及 PM 等）排放或者是在控制局部污染物排放及生态建设过程中同时减少/吸收二氧化碳及其他温室气体排放（见图 1-1）。推动碳达峰碳中和纳入生态文明建设整体布局就属于这个范畴。国际上，与环境维度的减污降碳协同增效类似的词为“协同效应”或“协同效益”。联合国政府间气候变化专门委员会（IPCC）第三次评估报告首次明确提出了“协同效益”“协同效应”的概念，即温室气体减排政策的非气候效益。

第二个是经济维度的减污降碳协同增效。也就是说，减污降碳协同增效不仅仅是气候变化与生态环境保护之间的环境效益的协同，还包括经济层面的协同增效。这里包含三个层面：一是不论是减污对降碳产生的协同效益还是降碳对减污产生的协同效益，都是附属效益，不用支付额外的成本，或者说是为同时实现两个目标节约了总成本；二是协同增效减污降碳的技术和产品属于国家政策鼓励的绿色低碳产业，也是具有

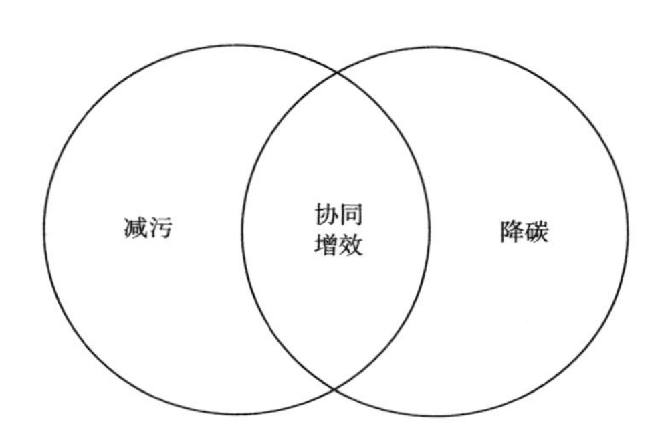

图 1-1　减污降碳协同增效环境维度的内涵

国际竞争力的技术和产品，通过开展环境产品和服务贸易，可以直接产生经济效益；三是实现减污和降碳都要求能源和经济结构调整，从而可以扩大绿色转型，实现高质量经济增长。总之，减污降碳是经济结构调整的有机组成部分，要协同推进降碳、减污、扩绿、增长。国际上这一内涵也在不断发展，IPCC 第四次评估报告指出，综合减少大气污染与减缓气候变化的政策与单独的那些政策相比，拥有提供大幅度削减成本的潜力。

第三个是社会维度的减污降碳协同增效。由于推动减污降碳可以推动实现环境质量改善和减缓温室气体排放与气候变化，从人体健康的角度，可以减少患者人数、减少病假天数、减少急性或慢性呼吸道疾病发生、增加预期寿命；从气候角度，可以降低气候破坏风险，总之能降低社会支付和管理成本。我们所讲的实现碳达峰碳中和是一场广泛而深刻的经济社会系统性变革，将碳达峰碳中和纳入经济社会发展全局等就包括该社会维度和经济维度的减污降碳协同增效内涵。

第四个是国际维度的减污降碳协同增效。减污降碳协同增效是构建人类命运共同体的重要一环。中国在减污降碳协同增效方面的工作和成就是对全球的贡献，国际上的减污降碳协同增效经验也可以为中国所借鉴。首先，中国减少污染物和温室气体排放将直接减少全球的排放量；其次，中国的减污降碳协同增效经验可以为其他国家提供借鉴，也会对全球减少污染物和温室气体排放做出贡献；再次，中国的减污降碳法规和政策可以为减污降碳相关国际规则的制定提供参考和借鉴；最后，国际环境公约之间的协同增效，例如《生物多样性公约》和《气候变化框架公约》之间的协同增效，也对中国国际环境履约产生影响。

需要说明的是，减污降碳协同增效在环境、经济、社会、国际四个维度不是彼此分离的，而是相互关联和递进的关系（见图1-2）。其中，环境维度的减污降碳协同增效是基础也是目标，在实现减污降碳环境协同效益的基础上形成经济维度和社会维度的协同；国际维度是减污降碳协同增效的最高目标，国际维度的减污降碳反过来又会影响环境维度的减污降碳协同增效。

除此之外，我国的减污降碳协同增效还有如下几个特点。

第一，减污降碳协同增效正处于最好的机遇期，也是实现效果最好的时期。推动减污降碳协同增效是我国所处发展阶段的要求。与发达国家先解决国内污染问题再应对气候变化的两个发展阶段不同，当前我国生态文明建设仍处于压力叠加、负重前行的关键期，保护与发展中的长期矛盾和短期问题交织，生态环境保护结构性、根源性、趋势性压力总体上尚未根本缓解。另外，近年来，地球环境正面临气候变化威胁，任

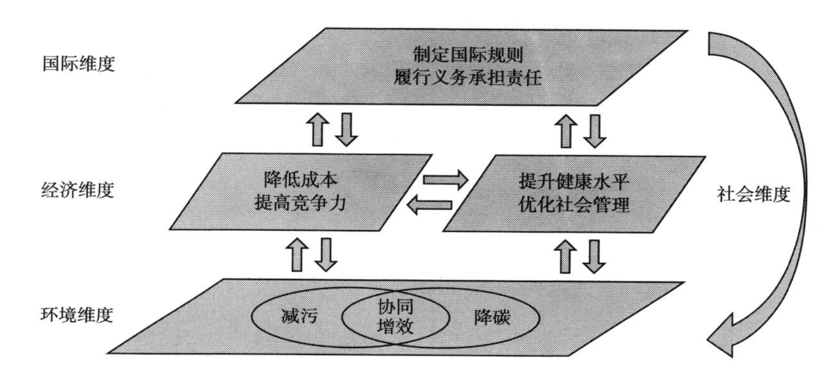

图 1-2　减污降碳协同增效的内涵

何国家都无法置身事外，作为负责任大国，中国在 2020 年做出了“二氧化碳排放力争于 2030 年前达到峰值，努力争取 2060 年前实现碳中和”的承诺。而且，应对气候变化是我们自己要做，是可持续发展的内在要求。这就决定了在这个阶段，中国既要减污，实现环境质量根本改善，又要降碳，为实现 2030 年前碳达峰打好坚实基础，二者缺一不可。“十四五”时期是我国生态环境保护进入减污降碳协同治理的新阶段，也是我国新旧动能转换和经济社会全面绿色低碳转型的关键阶段，减污降碳协同治理对发展的倒逼和牵引力将越来越强，生态环保在发展全局中的位置将越来越突出，发展与保护将深度融合，碳减排将成为检验经济发展成效的重要指标。减污与降碳融为一体，同频同效同路径，同时同步同目标，将形成更大合力，倒逼总量减排、源头减排、结构减排，推动产业结构、能源结构、交通结构、农业结构加快调整，实现改善环境质量从注重末端治理向更加注重源头预防和治理有效转变，从而牵引经济社会发展实现全面绿色转型和生态环境持续改善。

第二，减污降碳协同增效在美丽中国建设中处于极其重要的地位、发挥着非常重要的作用。包含减污降碳协同增效在内的生态文明建设是新时代中国特色社会主义的一个重要特征：在“五位一体”总体布局中，生态文明建设是重要组成部分；在新时代坚持和发展中国特色社会主义基本方略中，坚持人与自然和谐共生是一条基本方略；在新发展理念中，绿色是一大理念；在党的十九大报告中提到的三大攻坚战中，污染防治是一大攻坚战；在到21世纪中叶建成富强、民主、文明、和谐、美丽的社会主义现代化强国目标中，美丽是一个重要目标。可以说，推动减污降碳协同增效已成为国家意志，而且有比较具体的国家行动。从此，我国按下减碳加速键，将有力倒逼产业结构、能源结构不断调整优化，推动绿色产业快速发展，促进经济社会全面绿色转型。此外，减污降碳协同增效还处于总揽全局、牵引各方的地位。如同把实施乡村振兴战略作为新时代“三农”工作总抓手，把建设中国特色社会主义法治体系作为全面依法治国的总抓手一样，实现减污降碳协同增效被提高到了促进经济社会发展全面绿色转型总抓手的高度，将推动经济社会发展发生深刻和根本性变革，生态文明建设要融入经济、政治、社会、文化建设全过程。实施减污降碳协同治理，实质是把环境治理从注重末端治理向更加注重源头预防和源头治理有效转变，以经济社会发展全面绿色转型为引领，加快形成节约资源和保护环境的产业结构、生产方式、生活方式、空间格局。这就意味着，对于促进经济社会发展全面绿色转型而言，实现减污降碳协同增效将在美丽中国建设中发挥特别重要的作用。

第三，减污降碳协同增效将推动生态环境保护广泛而深刻变革。推动减污降碳协同增效，就是要将碳达峰碳中和纳入生态文明建设整体布局，意味着生态环境保护目标必须从单纯污染物治理转变为实施污染物、温室气体、生态建设等多目标管理，思路上必须从末端治理转变为强调源头治理，管理方式上必须从环境与气候分别治理转变为生态环境保护和温室气体减排协同治理，真正实现协同增效的有机融合，管理要素要强调广泛的协同增效，是大气、水、固废、土壤等环境要素以及生态建设与温室气体减排的多范畴的协同治理。当然，温室气体既包括二氧化碳，也包括非二氧化碳类温室气体。

第二节　充分认识减污降碳协同增效的意义

推动减污降碳协同增效是深入贯彻习近平生态文明思想的重要举措，是落实碳达峰碳中和重大战略决策的重要行动，是促进经济社会发展全面绿色转型的重要抓手，对建设人与自然和谐共生的现代化、实现美丽中国和清洁美丽世界的宏伟目标具有重要意义。

首先，推动减污降碳协同增效是我国立足新发展阶段大力推进生态文明建设的必然要求。从世界范围来看，全球正在经历百年未有之大变局，气候变化关乎全人类生存和发展，保护生态环境、应对气候变化，是人类面临的共同挑战。作为世界上最大的发展中国家，中国愿意主动承担应对气候变化国际责任、同世界各国一道合作应对气候变化，为全球环境治理贡献力量。从国内情况来看，进入新发展阶段，我国社会主要矛盾已经转化为人民日益增长的美好生活需要和不平衡不充分的发展之间的矛盾，人民对美好生活的要求不断提高。而当前我国生态环境保护形势依然严峻，发展不平衡、不充分问题依然突出，全面绿色转型的基础仍然薄弱，以重化工为主的产业结构、以煤为主的能源结构和以公路货运为主的交通运输结构没有根本改变。这决定了在当前阶段，我国既要减污，实现生态环境质量根本改善，又要降碳，为2030年前实现碳达峰打好坚实基础，二者缺一不可，同时还要协同增效。“十四五”时期，我国生态环境保护进入减污降碳协同治理的新阶段，必须统筹考虑全球环境治理的新挑战和国内环境治理的新要求。

其次，推动减污降碳协同增效是我国贯彻新发展理念统筹推进“五位一体”总体布局的必然选择。党中央把生态文明建设作为统筹推进“五位一体”总体布局和协调推进“四个全面”战略布局的重要内容。这要求我们必须坚定不移贯彻绿色发展理念，生态环境保护必须着重从源头上治理；环境治理的深度要大力延伸，加大对高碳能源结构、高耗能产业结构的调整优化；环境治理的领域进一步拓宽，要将治理重点逐步拓展到应对气候变化等更广泛的领域。二氧化碳等温室气体与常规污染物排放具有同根、同源、同过程的特点。推动减污降碳协同增效，不仅可以同时实现“低硫”、“低氮”和“低碳”，将“浅绿”变“深绿”，而且有利于推动经济结构绿色转型，实现扩绿和增长。为此，国家做出了把实现减污降碳协同增效作为促进经济社会发展全面绿色转型总抓手的战略安排，这是对绿色新发展理念的准确把握和深入实践，对于完整、准确、全面贯彻新发展理念，统筹推进“五位一体”总体布局具有重要意义。

再次，推动减污降碳协同增效是我国构建新发展格局、持续推进美丽中国建设的根本路径。减污降碳协同增效通过倒逼能源结构和产业结构转型升级，降低能源和原材料消耗，生产和提供更多绿色低碳产品与服务，推动绿色产业发展，有利于形成我国经济贸易新的增长极和增长点。并且，通过绿色产业链和绿色价值链优化升级相关的生产、分配、流通、消费体系，有效统筹国际和国内两个低碳产品和服务市场，构建起绿色低碳的国际国内双循环，对构建新发展格局起到重要支撑作用，成为美丽中国建设的重要路径。

最后，减污降碳协同增效具有实际效果和现实意义。根据评估，《打赢蓝天保卫战三年行动计划》实施三年期间，全国二氧化硫、氮氧化物、一次 $PM_{2.5}$ 排放量分别下降约 367 万吨、210 万吨和 125 万吨，同时累计减少二氧化碳排放 5.1 亿吨。[①] 除了大气污染物与温室气体减排协同，固废治理也有显著的温室气体减排协同效应。根据联合国环境规划署的评估，完善固废回收利用及处理处置等环节可使全球温室气体总排放量减少 10%～15%。[②] 巴塞尔公约亚太区域中心对全球 45 个国家和区域的固废管理碳减排潜力相关数据的分析显示，提升城市、工业、农业和建筑 4 类固废的全过程管理水平，可以实现相应国家碳排放量减少 13.7%～45.2%（平均 27.6%）。[③] 据中国循环经济协会测算，2020 年我国通过发展循环经济，共计减少二氧化碳排放约 26 亿吨；在“十三

① 《中国应对气候变化的政策与行动 2022 年度报告》，https：//www.mee.gov.cn/ywgz/ydqhbh/syqhbh/202210/W020221027551216559294.pdf，第 20 页。

② 姜玲玲、丁爽、刘丽丽、滕婧杰、崔磊磊、杜祥琬：《“无废城市”建设与碳减排协同推进研究》，《环境保护》2022 年第 50 卷第 11 期，第 39～43 页。

③ 《系列解读（8）| 坚持“三化”原则聚焦减污降碳协同增效 拓展和深化“无废城市”建设》，http：//www.mee.gov.cn/zcwj/zcjd/202111/t20211118_960866.shtml，最后访问日期：2023 年 2 月 21 日。

五”期间，发展循环经济对我国碳减排的综合贡献率约为25%。[①]

总之，减污降碳协同增效不仅在理论上是合理的，在实践上也是经过检验的；不仅是生态文明建设的必然选择，也是推动“五位一体”总体布局的必然选择；不仅对美丽中国建设具有重要意义，而且对实现清洁美丽世界及全球善治具有重要意义。

第三节　准确把握减污降碳协同增效的着力点

把实现减污降碳协同增效作为促进经济社会发展全面绿色转型的总抓手，必须在全社会推动，在不同领域、不同部门、不同区域、不同层面加强协同工作，推动减污降碳协同增效工作取得积极进展，抓好推动减污降碳协同增效的着力点。2022年6月，生态环境部、国家发展改革委等7部门联合印发《减污降碳协同增效实施方案》，对推动减污降碳协同增效做出系统部署。

一是紧扣重点领域，强化源头防控。加强生态环境分区管控，构建城市化地区、农产品主产区、重点生态功能区分类指导的减污降碳政策体系，严格生态环境准入管理，坚决遏制高耗能、高排放、低水平项目盲目发展，高耗能、高排放项目审批要严格落实国家产业规划、产业政策、“三线一单”、环评审批、取水许可审批、节能审查以及污染物区域削减替代等要求，推动能源绿色低碳转型，强化资源能源节约和高效

---

① 《循环经济助力碳达峰研究报告》，https://www.chinacace.org/tactic/view?id=3，最后访问日期：2023年2月21日。

利用，加快形成有利于减污降碳的产业结构、生产方式和生活方式，实现经济社会的可持续发展。紧盯重点领域，推进工业、交通运输、城乡建设、农业、生态建设五大重点领域协同增效工作，把实施结构调整和绿色升级作为减污降碳的根本途径，强化资源能源节约和高效利用，充分发挥减污降碳协同治理的引领、优化和倒逼作用，推动工作取得成效。

二是坚持系统观念，优化环境治理。持续优化治理目标、治理工艺和技术路线，加强技术研发应用，推进大气污染防治、水环境治理、土壤污染治理、固体废物处置等领域减污降碳协同控制。大气方面，优化治理技术路线，加大氮氧化物、挥发性有机物以及温室气体协同减排力度，推进移动源大气污染物排放和碳排放协同治理。推进大气污染治理设备节能降耗，提高设备自动化和智能化运行水平。加强对消耗臭氧层物质和氢氟碳化物的管理，加快对使用含氢氯氟烃生产线的改造，逐步淘汰使用氢氯氟烃的生产线。推进移动源大气污染物排放和碳排放协同治理。水方面，大力推进污水资源化利用，提高工业用水效率和用能效率，构建区域再生水循环利用体系，探索推广污水社区化分类处理和就地回用，推进污水处理厂节能降耗，开展城镇污水处理和资源化利用碳排放测算。土壤方面，合理规划污染地块土地用途，鼓励绿色低碳修复，推动严格管控类受污染耕地植树造林增汇。固废方面，强化资源回收和综合利用，加强“无废城市”建设。

三是鼓励先行先试，开展协同创新。激发基层积极性和创造力，开展减污降碳模式创新，探索可推广、可供借鉴的经验和样板。区域层面，在国家重大战略区域、大气污染防治重点区域、重点海湾、重点城市群，加快探索减污降碳协同增效的有效模式；城市层面，在国家环境保护模范城市、“无废城市”建设中强化减污降碳协同增效要求，探索不同类型城市减污降碳推进机制；园区层面，鼓励各类产业园区积极探索推进减污降碳协同增效；企业层面，推动重点行业企业开展减污降碳示范行动，支持打造“双近零”排放标杆企业。

四是注重统筹融合，完善政策制度。充分利用现有法律、法规、标准、政策体系和统计、监测、监管能力，建立健全一体化推进减污降碳管理制度，形成激励与约束并重的政策体系。加强协同技术研发应用，完善减污降碳法规标准，推动将协同控制温室气体排放纳入生态环境相关法律法规，完善生态环境标准体系，制定污染物与温室气体排放协同控制技术指南、监测技术指南。加强减污降碳协同管理，研究探索统筹排污许可和碳排放管理，加快全国碳排放权交易市场建设。开展相关计量技术研究，建立健全计量测试服务体系。开展重点城市、产业园区、重点企业减污降碳协同度评价研究，引导各地区优化协同管理机制。推动污染物和碳排放量大的企业开展环境信息依法披露。完善减污降碳经济政策，加大对绿色低碳投资项目和协同技术应用的财政政策支持力度，大力发展绿色金融，扎实推进气候投融资，建立有助于企业绿色低碳发展的绿色电价政策；加强清洁生产审核和评价认证结果应用，将其作为阶梯电价、用水定额、重污染天气绩效分级管控等差异化政策制定和实施的重要依据；推动绿色电力交易试点。提升减污降碳协同监测、统计、核算核查等基础能力。

五是加大宣传力度，讲好中国故事。全方位宣传减污降碳协同增效工作的重要意义和阶段性成效。加强宣传引导，选树减污降碳先进典型，发挥榜样示范和价值引领作用，利用六五环境日、全国低碳日、全国节能宣传周等广泛开展宣传教育活动。加强国际合作，利用好现有的双边、多边环境与气候变化合作机制，拓展和深化在减污降碳领域的合作。与共建“一带一路”国家加强绿色发展政策沟通，加强减污降碳政策、标准联通，在绿色低碳技术研发应用、绿色基础设施建设、绿色金融、气候投融资等领域开展务实合作。协同推进全球应对气候变化、生物多样性保护、臭氧层保护、海洋保护、核安全等方面的国际谈判工作。加强减污降碳国际经验交流，为全球气候与环境治理贡献中国智慧、中国方案。

第二章　我国减污降碳协同增效政策分析

当前，我国生态文明建设进入了以降碳为重点战略方向、推动减污降碳协同增效、促进经济社会发展全面绿色转型、实现生态环境质量改善由量变到质变的关键时期，协同推进减污降碳已成为我国新发展阶段经济社会发展全面绿色转型的必然选择。亟须在明晰现状基础上，加快构建减污降碳协同增效的政策体系，对减污和降碳实施一体谋划、一体部署、一体推进、一体考核。由此，本章对我国减污降碳协同增效政策进行梳理分析。这里的减污降碳协同增效政策是指同时控制传统污染物排放与温室气体减排或协同开展生态建设与温室气体减排的政策。

第一节　我国减污降碳协同增效政策的发展历程

我国减污降碳协同增效政策的发展大体分为以下三个阶段。

第一阶段为前协同阶段（2016 年以前）。此阶段，我国尚未形成系统的减污降碳协同增效政策，但进行了有益探索。例如，我国提出“五位一体”的国家发展总体布局，使生态文明建设与经济建设、政治建设、文化建设、社会建设协调发展，从源头推动协同。《中华人民共和国国民经济和社会发展第十一个五年规划纲要》同时提出两个能源环境约束性指标：“单位国内生产总值能源消耗比‘十五’期末降低 20%，主要污染物排放总量减少 10%。”《中华人民共和国国民经济和社会发展第十二个五年规划纲要》确定的考核指标包括“单位国内生产总值能源消耗降低 16%，单位国内生产总值二氧化碳排放降低 17%。主要污染物排放总量显著减少，化学需氧量、二氧化硫排放分别减少 8%，氨氮、氮氧化物排放分别减少 10%”。但在该阶段，虽然规定了传统污染物和温室气体的指标，但未明确强调二者的协同，相关具体落实政策都是分别考虑，未对减排温室气体做出规定。只有个别政策对污染物和温室气体的协同减排做出了规定。例如，2015 年实施的环境保护部、国家发展改革委印发的《关于贯彻实施国家主体功能区环境政策的若干意见》提出，“积极推进火电、钢铁、水泥等重点行业大气污染物与温室气体协同控制”。2012 年实施的《环境保护部关于加快完善环保科技标准体系的意见》提出“加强不同污染物之间及其与温室气体协同控制关键技术研发，实现节能降耗、污染物减排与温室气体控制的协同增效”。总体来看，这一阶段我国以削减主要污染物排放总量、改善环境质量为主，以工业污染防治为环境保护工作的重点任务。相关政策主要涉及能源、大气等。这些政策在设计之初，没有明确把降碳作为直接政策目标，但是具有间接降碳效果，为减污降碳协同控制奠定了良好基础。①

第二阶段为减污与降碳协同控制政策初步确立阶段（2016~2020年）。其主要特点是国家开始考虑传统污染物总量控制与温室气体减排的协同效应，国家法律法规、政策文件、部门规章等开始将协同控制作为目标和原则性规定，并在体制机制上进行调整。一是将协同控制传统大气污染物与温室气体减排写入国家法律。2016年1月1日正式实施的《中华人民共和国大气污染防治法》将传统污染物与温室气体协同控制作为重要原则和要求明确提出，这是中国首次在法律中写入“协同控制”。政府及有关部门发布的相关文件将污染物与温室气体协同减排作为指导思想或基本目标。传统污染物治理和温室气体控制两方面的政策都体现了相互协同控制。例如，国务院印发的《“十三五”控制温室气体排放工作方案》和《打赢蓝天保卫战三年行动计划》均将协同控制温室气体和大气污染物作为总目标和总要求。此外，部门层面在协同治理技术和政策措施方面也充分体现了减污降碳协同增效的理念，例如生态环境部出台的《关于印发〈重点行业挥发性有机物综合治理方案〉的通知》（环大气〔2019〕53号）、《工业企业污染治理设施污染物去除协同控制温室气体核算技术指南（试行）》（环办科技〔2017〕73号）等均将协同控制温室气体排放作为主要目标。2019年，《中国生态环境状况公报》首次纳入控制温室气体排放相关数据信息。二是体制机制协调方面实现传统大气污染物与温室气体减排协同。2018年印发的《深化党和国家机构改革方案》把国家发展和改革委员会的应对气

① 董战峰、周佳、毕粉粉、宋祎川、张哲予、彭忱、赵元浩：《应对气候变化与生态环境保护协同政策研究》，《中国环境管理》2021年第13卷第1期，第25~34页。

候变化和减排职责划入新组建的生态环境部，为实现应对气候变化与环境污染治理的协同增效提供了体制机制保障。截至 2021 年 1 月，全国各省、自治区、直辖市生态环境部门已完成应对气候变化职能调整工作，其中约 1/4 的省份单独设立了应对气候变化处，具体负责应对气候变化、温室气体减排及国际履约等工作；多数省份是将应对气候变化与碳减排等工作纳入大气环境管理处室职能，或纳入对外合作处室职能。总体来看，各省份在机构设置上控制大气污染物减排与温室气体减排的协同性较高，更多地考虑了二者的协同作用。

第三阶段为减污降碳协同增效政策快速发展阶段（2020 年 9 月以后）。2020 年 9 月 22 日，习近平主席在第七十五届联合国大会一般性辩论上，向世界做出了“二氧化碳排放力争于 2030 年前达到峰值、努力争取 2060 年前实现碳中和”的重大宣示。之后在联合国气候峰会等多个国际场合强调此目标，并宣布了提高中国国家自主贡献的一系列新目标、新举措、施工图。2020 年 12 月 16～18 日的中央经济工作会议，提出“要继续打好污染防治攻坚战，实现减污降碳协同效应”。① 2021 年 3 月 15 日，习近平总书记主持召开中央财经委员会第九次会议强调，② 实现碳达峰、碳中和是一场广泛而深刻的经济社会系统性变革，要把碳达峰、碳中和纳入生态文明建设总体布局。要实施重点行业、重

---

① 《中央经济工作会议在北京举行 习近平李克强作重要讲话 栗战书汪洋王沪宁赵乐际韩正出席会议》，http://cpc.people.com.cn/n1/2020/1218/c64094-31971872.html，最后访问日期：2023 年 5 月 1 日。

② 《习近平主持召开中央财经委员会第九次会议强调 推动平台经济规范健康持续发展 把碳达峰碳中和纳入生态文明建设整体布局》，http://politics.people.com.cn/n1/2021/0315/c1024-32052023.html，最后访问日期：2023 年 2 月 21 日。

点领域减污降碳行动，工业领域要推进绿色制造，建筑领域要提升节能标准，交通领域要加快形成绿色低碳运输方式。此外，减污降碳协同增效开始在多方面的政策中体现。2021 年 4 月 30 日，习近平总书记主持中共中央政治局第二十九次集体学习时强调："'十四五'时期，我国生态文明建设进入了以降碳为重点战略方向、推动减污降碳协同增效、促进经济社会发展全面绿色转型、实现生态环境质量改善由量变到质变的关键时期。""要把实现减污降碳协同增效作为促进经济社会发展全面绿色转型的总抓手，加快推动产业结构、能源结构、交通运输结构、用地结构调整。"① 具体政策方面，2021 年 1 月生态环境部印发《关于统筹和加强应对气候变化与生态环境保护相关工作的指导意见》（环综合〔2021〕4 号），2022 年 6 月生态环境部、国家发展改革委等 7 部门联合印发《减污降碳协同增效实施方案》（环综合〔2022〕42 号），作为我国碳达峰碳中和"1+N"政策体系的重要组成部分。从此阶段开始，减污降碳协同增效政策制定驶入快车道。

第二节　我国减污降碳协同增效政策

减污降碳协同增效在我国法律法规、部门规章、规范性文件等多层次政策体系中都已有体现和安排。不仅如此，《中共中央 国务院关于深入打好污染防治攻坚战的意见》《中共中央 国务院关于完整准确全

① 《习近平在中共中央政治局第二十九次集体学习时强调 保持生态文明建设战略定力 努力建设人与自然和谐共生的现代化》，http://www.qstheory.cn/yaowen/2021-05/01/c_1127401190.htm，最后访问日期：2023 年 5 月 1 日。

面贯彻新发展理念做好碳达峰碳中和工作的意见》等法规制度都有强调，甚至《全国工商联关于引导服务民营企业做好碳达峰碳中和工作的意见》（全联发〔2022〕4号）等团体规定中也将减污降碳协同增效作为重要原则。

一　法律法规

减污降碳协同增效相关内容已经在我国法律法规中得以明确。2016年1月1日正式实施的《中华人民共和国大气污染防治法》共八章129条，在第一章总则第二条中明确指出"防治大气污染，应当加强对燃煤、工业、机动车船、扬尘、农业等大气污染的综合防治，推行区域大气污染联合防治，对颗粒物、二氧化硫、氮氧化物、挥发性有机物、氨等大气污染物和温室气体实施协同控制"。在2018年修订的《中华人民共和国大气污染防治法》，也就是现行版本中仍然保留了此原则。

《中华人民共和国国民经济和社会发展第十四个五年规划和2035年远景目标纲要》第三十八章"持续改善环境质量"中也明确指出，"深入打好污染防治攻坚战，建立健全环境治理体系，推进精准、科学、依法、系统治污，协同推进减污降碳，不断改善空气、水环境质量，有效管控土壤污染风险"，强调要推动减污降碳协同增效。

2018年6月国务院印发的《打赢蓝天保卫战三年行动计划》将"大幅减少主要大气污染物排放总量，协同减少温室气体排放"作为总体要求和目标，指出"经过3年努力，大幅减少主要大气污染物排放总量，协同减少温室气体排放"。

除了大气污染防治的法律政策提到协同控制温室气体的排放，在控制温室气体的相关行政法规中也有同时控制大气污染物的相关要求。例如，2016 年 10 月，国务院印发《“十三五”控制温室气体排放工作方案》，将“加强碳排放和大气污染物排放协同控制”作为指导思想，同时，将减污降碳协同作用进一步加强作为主要任务之一。

另外，其他行业政策也强调减污降碳协同增效。例如，《国务院关于印发“十四五”现代综合交通运输体系发展规划的通知》（国发〔2021〕27 号）第八章提出“协同推进减污降碳，形成绿色低碳发展长效机制”，《国务院办公厅转发国家发改委等部门关于加快推进城镇环境基础设施建设指导意见的通知》（国办函〔2022〕7 号）将“推动减污降碳协同增效”作为指导思想。

减污降碳协同增效在地方性法规中也有体现。2012 年 10 月 1 日起施行的《海南省环境保护条例》在 2017 年修订时提出“对二氧化硫、氮氧化物、颗粒物、挥发性有机物、温室气体等大气污染物实施协同控制，实施大气污染联防联治”。2021 年 11 月 1 日施行的《天津市碳达峰碳中和促进条例》第三条提出“实施重点行业领域减污降碳，推动形成节约资源和保护环境的产业结构、生产方式、生活方式、空间格局”。2021 年 12 月 1 日施行的《海西蒙古族藏族自治州自治条例》（2021 修订）第五十一条提出“落实减污降碳任务，组织实施生态环境保护目标责任制”。2022 年 1 月 1 日施行的《湖州市绿色金融促进条例》将“推动减污降碳协同增效”作为该条例制定的重要目的。2022 年 5 月 1 日施行的《福建省生态环境保护条例》第四十三条提出，“协同推进减污降碳，使大气环境质量达到规定标准并逐步改善”。2022 年 12 月 1 日施行的《河北省固体废物污染环境防治条例》提出“任何单位和个人都应当采取措施，减少固体废物的产生量，推进固体废物资源化进程，提高资源节约集约循环利用，促进减污降碳协同增效，降低固体废物的危害性”。2023 年 1 月 1 日施行的《内蒙古自治区煤炭管理条例》提出“鼓励煤炭企业通过生态建设、工业固碳以及碳捕获、利用与封存等工程技术，实现减污降碳协同增效”。此外，《南阳市大气污染防治条例》（2020 年 3 月 1 日起施行）、《咸阳市大气污染防治条例》（2020 年 3 月 1 日起施行）、《朔州市大气污染防治条例》（2019 年 12 月 20 日起施行）均提出“对颗粒物、二氧化硫、氮氧化物、挥发性有机物、氨等大气污染物和温室气体实施协同控制”。

二　部门规章

除了法律政策，我国还制定了《减污降碳协同增效实施方案》《关于统筹和加强应对气候变化与生态环境保护相关工作的指导意见》等减污降碳协同增效的专门部门规章，许多部门规章也将减污降碳协同增效作为指导思想或原则或任务予以规定。

（一）《减污降碳协同增效实施方案》

2022 年 6 月，生态环境部、国家发展改革委等 7 部门联合印发《减污降碳协同增效实施方案》（环综合〔2022〕42 号），该方案为我国碳达峰碳中和“1+N”政策体系的重要组成部分。《减污降碳协同增效实施方案》包括面临形势、总体要求、加强源头防控、突出重点领域、优化环境治理、开展模式创新、强化支撑保障等共七大部分 29 条，明确提出“十四五”时期乃至到 2030 年减污降碳协同增效工作的主要目标、重点任务和政策举措，为减污降碳协同增效制定了具体的任务书和施工图。

根据《减污降碳协同增效实施方案》，减污降碳协同增效重点任务如下。

一是加强源头防控。强化生态环境分区管控，加强生态环境准入管理，推动能源绿色低碳转型，加快形成绿色生活方式。

二是突出重点领域，推进工业、交通运输、城乡建设、农业、生态建设五大重点领域协同增效工作。

三是优化环境治理。推进大气污染防治、水环境治理、土壤污染治理、固体废物处置等领域减污降碳协同控制。大气方面，加大氮氧化物、挥发性有机物以及温室气体协同减排力度，推进移动源大气污染物排放和碳排放协同治理。水方面，大力推进污水资源化利用，提高工业用水效率和用能效率。土壤方面，合理规划污染地块土地用途，鼓励绿色低碳修复。固废方面，强化资源回收和综合利用，加强“无废城市”建设。

四是开展模式创新。开展减污降碳模式创新，探索可推广、可供借鉴的经验和样板。区域层面，在国家重大战略区域、大气污染防治重点区域、重点海湾、重点城市群，加快探索减污降碳协同增效的有效模式；城市层面，在国家环境保护模范城市、“无废城市”建设中强化减污降碳协同增效要求，探索不同类型城市减污降碳推进机制；园区层面，鼓励各类产业园区积极探索推进减污降碳协同增效；企业层面，推动重点行业企业开展减污降碳示范行动。

五是注重统筹融合，完善政策制度。充分利用现有法律、法规、标准、政策体系和统计、监测、监管能力，建立健全一体化推进减污降碳管理制度，形成激励约束并重的政策体系。此外，强化支撑保障。例如，加强协同技术研发应用；完善减污降碳法规标准；加强减污降碳协同管理，研究探索统筹排污许可和碳排放管理，加快全国碳排放权交易市场建设；完善减污降碳经济政策，大力发展绿色金融，扎实推进气候投融资，建立绿色电价政策，推动绿色电力交易试点等；提升减污降碳基础能力，拓展完善天地一体监测网络，健全排放源统计调查、核算核查、监管制度，实行一体化监管执法，探索实施移动源碳排放核查、核算与报告制度。还要加强组织领导、宣传教育、国际合作及考核督查。

（二）《关于统筹和加强应对气候变化与生态环境保护相关工作的指导意见》

2021 年 1 月，生态环境部印发《关于统筹和加强应对气候变化与生态环境保护相关工作的指导意见》（环综合〔2021〕4 号），这是我国首部减污降碳的专门规章。《关于统筹和加强应对气候变化与生态环境保护相关工作的指导意见》共七部分 24 项，具体内容包括总体要求、战略规划统筹融合、政策法规统筹融合、制度体系统筹融合、试点示范统筹融合、国际合作统筹融合、保障措施等。具有以下特点。

一是《关于统筹和加强应对气候变化与生态环境保护相关工作的指导意见》从系统治理的角度全方位、多层次推动温室气体与污染物协同控制。[①]《关于统筹和加强应对气候变化与生态环境保护相关工作的指导意见》强化统筹协调，提出应对气候变化与生态环境保护相关工作统一谋划、统一布置、统一实施、统一检查，建立健全统筹融合的

① 李媛媛、李丽平、姜欢欢、刘金淼：《加强国际合作，统筹温室气体和污染物协同控制》，《中国环境报》2021 年 1 月 22 日，第 03 版。

战略、规划、政策和行动体系。要把降碳作为源头治理的“牛鼻子”，协同控制温室气体与污染物排放，推动将应对气候变化要求融入国民经济和社会发展规划，以及能源、产业、基础设施等重点领域规划，从而更好地推动经济高质量发展和生态环境高水平保护的协同共进。[①] 未来，气候变化工作和生态环境保护工作的协同不是单一政策或者领域的协同，而是从制度体系、政策实践、宣传等全方位、多角度的协同。如《关于统筹和加强应对气候变化与生态环境保护相关工作的指导意见》提出，在顶层制度设计时就要进行统筹考虑，同步将温室气体和污染物的协同控制纳入制度设计。

二是《关于统筹和加强应对气候变化与生态环境保护相关工作的指导意见》的出台实现了温室气体与污染物协同控制政策的落地，从战略规划、政策法规、制度体系、试点示范、国际合作等五个方面明晰了应对气候变化与生态环境保护相关工作统筹融合的具体要求、重点任务和措施。该文件首次改变了原有法规中仅有原则性规定而没有具体可实施可操作措施的现状，让污染物和温室气体协同控制政策真正实现了落地生根，也给地方开展相关工作提供了具体指导。

三是《关于统筹和加强应对气候变化与生态环境保护相关工作的指导意见》突出行政资源优化配置和协同。2018 年 3 月，党和国家机构改革，将应对气候变化职能从发展改革委划转至新组建的生态环境部，在体制机制上实现统筹和加强应对气候变化与生态环境保护工作。《关于统筹和加强应对气候变化与生态环境保护相关工作的指导意见》

---

① 柴麒敏：《全国“一盘棋”积极主动作为推动碳达峰碳中和》，《中国环境报》2021 年 1 月 25 日，第 02 版。

推动制度体系统筹融合，突出行政资源优化配置和充分利用，[①] 提出要充分发挥现有环境管理制度体系的优势，[②] 探索生态环境调查统计和监测核算支撑温室气体清单管理工作，推动将气候变化影响纳入环境影响评价，推进企业温室气体排放数据纳入排污许可管理平台。创新机制，将温室气体纳入现有生态环境执法体系和监管考核体系，实现制度上的协同。

四是《关于统筹和加强应对气候变化与生态环境保护相关工作的指导意见》将对气候变化领域相关立法起到推动作用。当前，国家应对气候变化立法仍然缺位，这使得加快实施更加有力的政策和措施往往缺乏法律依据，惩戒和威慑作用极为有限。应该把加强应对气候变化的相关立法作为形成和完善中国特色社会主义法律体系、加快推进生态文明法制体系的一项重要任务，尽快纳入立法工作议程，加强立法研究和论证。《关于统筹和加强应对气候变化与生态环境保护相关工作的指导意见》提出，加快推动应对气候变化相关立法，推动碳排放权交易管理条例尽快出台，在生态环境保护、资源能源利用、国土空间开发、城乡规划建设等领域的法律法规制度修订过程中，推动增加应对气候变化相关内容，有助于形成决策科学、目标清晰、市场有效、执行有力的国家气候治理体系，将为加快建立温室气体排放总量控制及碳预算分配制度提供坚实的法律保障。

---

① 严刚、雷宇、蔡博峰、曹丽斌：《强化统筹、推进融合，助力碳达峰目标实现》，《中国环境报》2021 年 1 月 26 日，第 03 版。

② 冯相昭、田春秀：《应对气候变化与生态环境协同治理吹响集结号》，《中国能源报》2021 年 2 月 1 日，第 19 版。

五是《关于统筹和加强应对气候变化与生态环境保护相关工作的指导意见》重视协同控制的国际宣传与合作。尽管中国在温室气体与传统污染物协同控制方面已开展了大量工作，但与日本等国家相比，在宣传力度、影响力等方面仍然比较弱，国际上对中国的了解还很不够。《关于统筹和加强应对气候变化与生态环境保护相关工作的指导意见》突出强调使应对气候变化与生态环境履约、谈判等工作形成合力；提出积极参与和引领应对气候变化等生态环保国际合作，统筹推进与重点国家和地区之间的战略对话与务实合作，建立长期性、机制性的环境与气候合作伙伴关系，充分体现了未来中国要统筹好已有的环境和气候变化领域的合作，相关研究与技术要在充分借鉴国际经验的基础上，做好对外宣传。

（三）其他相关部门规章

其他涉及减污降碳协同增效的部门规章从领域来讲包括工业、交通、财政、教育、农业农村、环境等。

1. 工业

2022 年 7 月 7 日印发的《工业领域碳达峰实施方案》（工信部联节〔2022〕88 号）将“推进减污降碳协同增效”作为重要原则和目标，将“在水泥、玻璃、陶瓷等行业改造建设一批减污降碳协同增效的绿色低碳生产线”作为重要达峰行动。2022 年 6 月 8 日印发的《关于推动轻工业高质量发展的指导意见》（工信部联消费〔2022〕68 号）提出，“加大食品、皮革、造纸、电池、陶瓷、日用玻璃等行业节能降耗和减污降碳力度”，“提升清洁生产水平、减污降碳协同控制水平及能源、资源综合利用水平”。2022 年 3 月 28 日印发的《关于“十四五”

推动石化化工行业高质量发展的指导意见》（工信部联原〔2022〕34号）提出，“构建原料高效利用、资源要素集成、减污降碳协同、技术先进成熟、产品系列高端的产业示范基地”。2022年1月20日印发的《关于促进钢铁工业高质量发展的指导意见》（工信部联原〔2022〕6号）将“统筹推进减污降碳协同治理”作为基本原则和主要任务。

2. 交通

2021年10月29日印发的《绿色交通“十四五”发展规划》（交规划发〔2021〕104号）不仅将“牢牢把握减污降碳协同增效总要求”作为指导思想，而且将“减污降碳”作为具体指标列出。

3. 财政

2022年5月25日印发的《财政支持做好碳达峰碳中和工作的意见》（财资环〔2022〕53号）将“推动减污降碳协同增效，持续开展燃煤锅炉、工业炉窑综合治理，扩大北方地区冬季清洁取暖支持范围，鼓励因地制宜采用清洁能源供暖供热”作为重点支持推动的领域。

4. 教育

2022年4月19日印发的《加强碳达峰碳中和高等教育人才培养体系建设工作方案》（教高函〔2022〕3号）将“组建一批重点攻关团队，围绕化石能源绿色开发、低碳利用、减污降碳等碳减排关键技术”作为重点任务。

5. 农业农村

2022年5月7日发布的《农业农村减排固碳实施方案》（农科教发〔2022〕2号）提出“以实施减污降碳、碳汇提升重大行动为抓手”的总体思路，并将种植业节能减排、畜牧业减排降碳、渔业减排增汇、农机节能减排等作为重点任务。

6. 环境

环境领域推动减污降碳涉及很多方面。在环境影响评价方面，2021年5月30日印发的《关于加强高耗能、高排放建设项目生态环境源头防控的指导意见》（环环评〔2021〕45号）提出，要将碳排放影响评价纳入环境影响评价体系，积极推进“两高”项目开展环评试点工作。2021年7月27日发布的《关于开展重点行业建设项目碳排放影响评价试点的通知》（环办环评函〔2021〕346号）明确提出，将在河北、吉林、浙江、山东、广东、重庆、陕西等七地开展将碳排放纳入环境影响评价的试点工作，涉及电力、钢铁、建材、有色金属、石化和化工等重点行业。2021年10月28日印发的《关于在产业园区规划环评中开展碳排放评价试点的通知》（环办环评函〔2021〕471号）指出，选取山西转型综合改革示范区晋中开发区等几个具备条件的产业园区，在规划环评中开展碳排放评价试点工作。在环境监测方面，2021年9月12日生态环境部印发的《碳监测评估试点工作方案》（环办监测函〔2021〕435号）对碳监测评估试点工作进行部署，要求到2022年底在区域、城市和重点行业三个层面开展碳监测评估试点工作，探索建立碳监测评估的技术方法体系。其中区域层面，开展区域大气温室气体浓度天地一体监测、典型区域土地利用年度变化监测和生态系统固碳监测。在环境执法方面，2021年3月生态环境部印发的《企业温室气体排放报告核查指南（试行）》（环办气候函〔2021〕130号）规定了重点排放单位温室气体排放报告的核查原则和依据、核查程序和要点、复查核查以及信息公开等内容，为温室气体排放监管纳入环境执法工作奠定了机制基础。在其他方面，2021 年 11 月 19 日发布的《关于实施“三线一单”生态环境分区管控的指导意见（试行）》（环环评〔2021〕108 号）提出，“协同推动减污降碳。充分发挥‘三线一单’生态环境分区管控对重点行业、重点区域的环境准入约束作用，提高协同减污降碳能力。聚焦产业结构与能源结构调整，深化‘三线一单’生态环境分区管控中协同减污降碳要求。加快开展‘三线一单’生态环境分区管控减污降碳协同管控试点……”2021 年 2 月 1 日实施的《碳排放权交易管理办法（试行）》第十四条提出，“生态环境部根据国家温室气体排放控制要求，综合考虑经济增长、产业结构调整、能源结构优化、大气污染物排放协同控制等因素，制定碳排放配额总量确定与分配方案”。2019 年 6 月，生态环境部印发的《重点行业挥发性有机物综合治理方案》（环大气〔2019〕53 号），将“提高挥发性有机物（VOCs）治理的科学性、针对性和有效性，协同控制温室气体排放”作为该方案的目标提出，具体为“到 2020 年，建立健全 VOCs 污染防治管理体系，重点区域、重点行业 VOCs 治理取得明显成效，完成‘十三五’规划确定的 VOCs 排放量下降 10%的目标任务，协同控制温室气体排放，推动环境空气质量持续改善”。2019 年 7 月，生态环境部联合发展改革委、工业和信息化部、财政部共同印发的《工业炉窑大气污染综合治理方案》（环大气〔2019〕56 号），将“指导各地加强工业炉窑大气污染综合治理，协同控制温室气体排放，促进产业高质量发展”作为宗旨和目标。《轻型汽车污染物排放限值及测量方法（中国第六阶段）》（2016 年 12 月发布、2020 年 7 月 1 日实施）和《重型柴油车污染物排放限值及测量方法（中国第六阶段）》（2018 年 6 月发布、2019 年 7 月实施）等提出，汽车发动机进行型式检验时，须增加标准循环稳态工况和瞬态工况条件下二氧化碳排放的测试。[①] 2017 年 9 月，环境保护部印发的《工业企业污染治理设施污染物去除协同控制温室气体核算技术指南（试行）》（环办科技〔2017〕73 号），规定了工业企业污染治理设施污染物去除协同控制温室气体核算的主要内容、程序、方法及要求。2015 年 7 月 23 日起施行的环境保护部、国家发展改革委《关于贯彻实施国家主体功能区环境政策的若干意见》（环发〔2015〕92 号），提出“积极推进火电、钢铁、水泥等重点行业大气污染物与温室气体协同控制”。2012 年 2 月 24 日环境保护部发布的《关于加快完善环保科技标准体系的意见》（环发〔2012〕20 号）提出，“加强不同污染物之间及其与温室气体协同控制关键技术研发，实现节能降耗、污染物减排与温室气体控制的协同增效”。“提高温室气体排放统计核算能力，开展重点行业温室气体排放强度控制和监测试点，研究将气候变化因素纳入环境影响评价的技术方法和途径，建立有利于温室气体控制和污染物减排的低碳环保政策措施体系。”

三 规范性文件

地方规范性文件也体现了减污降碳协同增效，到 2022 年底已有 110 多个规范性文件涉及减污降碳协同增效。

1. 专门减污降碳协同增效政策

2022 年 7 月 29 日印发的《福建省减污降碳协同增效实施方案》

---

① 冯相昭、王敏、梁启迪：《机构改革新形势下加强污染物与温室气体协同控制的对策研究》，《环境与可持续发展》2020 年第 45 卷第 1 期，第 146~149 页。

（闽环保综合〔2022〕12号）、2022年9月29日印发的《江西省减污降碳协同增效实施方案》（赣环气候字〔2022〕6号）、2022年12月5日印发的《湖北省减污降碳协同增效实施方案》（鄂环发〔2022〕33号）等都是专门的减污降碳协同增效政策。2022年2月25日江苏省发布的《省政府关于实施与减污降碳成效挂钩财政政策的通知》（苏政发〔2022〕31号）与2022年8月24日淮安市发布的《市政府关于实施与减污降碳成效挂钩财政政策的通知》（淮政发〔2022〕13号）是将减污降碳协同增效与财政挂钩的专门文件。浙江省在减污降碳协同创新方面率先开展探索，浙江省已在城市、园区、企业等层面组织开展2批共18个省级减污降碳协同试点建设。浙江省生态环境厅、浙江省发展和改革委员会等9部门于2022年12月13日联合发布《关于印发〈浙江省减污降碳协同创新区建设实施方案〉的通知》（浙环函〔2022〕308号），作为浙江省全面推动减污降碳协同增效工作的顶层设计。

2. 污染防治攻坚战相关政策中涉及的减污降碳协同增效内容

2022年8月23日印发的《中共海南省委 海南省人民政府关于印发〈海南省深入打好污染防治攻坚战行动方案〉的通知》（琼发〔2022〕18号）将减污降碳协同增效作为主要目标，同时提出"推动减污降碳一体谋划、一体部署、一体推进、一体考核"，"推动减污降碳协同发展，开展重点领域和行业试点"。2022年4月6日发布的《中共北京市委 北京市人民政府关于深入打好北京市污染防治攻坚战的实施意见》将"减污降碳，绿色发展"作为核心工作原则，同时提出将"建立减污降碳协同工作机制"作为"加快推动绿色低碳发展"的重要途径和任务。2021 年 12 月 31 日实施的《中共吉林省委 吉林省人民政府关于深入打好污染防治攻坚战的实施意见》提出“将温室气体管控纳入环评管理”。

3. 减污降碳协同增效政策与其他政策融合

自 2023 年 1 月 6 日起实施的浙江省生态环境厅、浙江省商务厅发布的《关于加强浙江自由贸易试验区生态环境保护推动高质量发展的实施意见》（浙环发〔2022〕29 号）将“减污降碳协同增效”作为目标和手段。2021 年 3 月 10 日印发的《北京市关于构建现代环境治理体系的实施方案》要求“加强科技攻关，开展污染形成机理及本地化特征、大气污染物与温室气体协同控制等研究”。

4. 减污与降碳相关政策的融合

2021 年 5 月 31 日印发的《浙江省生态环境保护“十四五”规划》要求“建立碳排放评价制度，探索开展大气污染物与温室气体排放协同控制，推动减污降碳协同增效”。2021 年 3 月 15 日实施的《重庆市生态环境局关于加强建设项目全过程环境监管有关事项的通知》（渝环规〔2021〕1 号）将“环评引入碳评，减污降碳融合”作为其中重要内容。2021 年 1 月，重庆市生态环境局发布了《重庆市规划环境影响评价技术指南——碳排放评价（试行）》和《重庆市建设项目环境影响评价技术指南——碳排放评价（试行）》（渝环〔2021〕15 号），旨在从技术角度充分发挥环评制度源头防控作用，规范和指导环境影响评价中的碳排放评价工作。2019 年 10 月 30 日发布的《浙江省工业炉窑大气污染综合治理实施方案》（浙环函〔2019〕315 号）要求，到 2020 年，完善工业炉窑大气污染综合治理管理体系，推进工业炉窑全面达标排放，实现涉工业炉窑行业二氧化硫、氮氧化物、颗粒物等污染物排放进一步下降，促进重点行业二氧化碳排放总量得到有效控制。此外，金华市、三明市、南平市、莆田市等在其打赢蓝天保卫战三年行动计划中都提出“经过3年努力，持续减少主要大气污染物排放总量，协同减少温室气体排放”。

第三节　我国减污降碳协同增效政策特点分析

我国制定减污降碳协同增效政策有历史发展阶段原因，也是当前自身发展的需要，具有以下特点。

第一，从国际比较角度看，我国减污降碳协同增效政策具有先进性。截至2021年初，美国、日本等发达国家有关开展减污降碳协同增效的工作仍然停留在协同效应的评估和研究阶段，尽管采取了一些源头治理的相关措施，但是远未上升到政策阶段，更未在法律中明确规定。自美国《清洁空气法》1970年公布以来，尽管经历了几次修订，但一直关注的是单一污染物的分阶段逐项控制，并没有体现多污染物协同控制的思路。后来，在企业的压力下，设立了多污染物控制（multi-P）工作组，试图提高企业的预期以减少成本，一起控制多种常规污染物，但不包括二氧化碳等温室气体。由于美国修法过程漫长，这意味着多污染物协同控制以及多污染物与温室气体协同控制的思想很难纳入修订的《清洁空气法》。由于法律上没要求，企业也不会主动去做相应的协同控制。而中国与发达国家那种先解决了国内污染问题再应对气候变化两个发展阶段不同，当前我国生态文明建设仍处于压力叠加、负重前行的关键期，保护与发展长期矛盾和短期问题交织，生态环境保护结构性、根源性、趋势性压力总体上尚未根本缓解。实施减污降碳协同增效是我国可持续发展的内在要求，目前我国已经将传统大气污染物与温室气体减排的协同控制列入《中华人民共和国大气污染防治法》，并出台了《减污降碳协同增效实施方案》《关于统筹和加强应对气候变化与生态环境保护相关工作的指导意见》等专门政策文件，这是我国在减污降碳协同增效方面先进性的突出表现。不但如此，我国的减污降碳协同增效政策已经不仅仅限于原则性规定，或只是作为指导思想提出，而是切切实实推动污染物减排与温室气体减排协同控制政策落地，包括地方在政策方面也有充分体现，还制定了具体技术导则和操作规范等。

第二，我国减污降碳协同增效体现的是国家意志，政策法治性特征明显。2012 年以来，包含减污在内的生态文明建设已是国家推进中国特色社会主义事业“五位一体”总体布局中不可或缺的组成部分，2021 年 3 月，进一步提出“将碳达峰碳中和纳入生态文明建设总体布局”。2021 年 4 月，实现减污降碳协同增效被提到了促进经济社会发展全面绿色转型的总抓手的高度。这就意味着，实现减污降碳协同增效在促进经济社会发展全面绿色转型中处于总揽全局、牵引各方的地位，在美丽中国建设中发挥特别重要的作用。污染防治攻坚战、制定实施碳达峰行动方案等都要围绕这个总抓手推动。此外，我国的减污降碳协同增效政策已经形成一定体系，包括了从国家法律、法规、部门规章到规范性文件等的一系列政策。除了《中华人民共和国大气污染防治法》等法律体系中专门提及协同控制，《中华人民共和国清洁生产促进法》

《中华人民共和国节约能源法》《中华人民共和国循环经济促进法》等法律从源头上控制能源、资源等，也会自动产生污染物和温室气体减排的协同效应，实现减污降碳协同增效。可以讲，推动减污降碳协同增效既是国家意愿，也有国家行动，已通过法律政策、党的要求等予以明确体现。

第三，我国减污降碳协同增效政策充分体现科学性。煤炭、石油等化石能源的燃烧和加工利用，不仅产生二氧化碳等温室气体，也产生颗粒物、VOCs、重金属、酚、氨氮等大气、水、土壤污染物。减少化石能源利用，在降低二氧化碳排放的同时，也可以减少常规污染物排放。我国在减污降碳协同增效研究上与国际社会同步，从21世纪初，我国即与美国、日本、挪威等发达国家合作开展相关研究，共同召开协同效应相关会议并进行密切交流。我国开展污染物与温室气体减排协同效应的研究既包括污染物与温室气体机理方面的研究，也包括在方法、影响评估等非常广泛的方面的研究；既有煤炭总量控制等政策的影响评估研究，也有攀枝花、湘潭等区域城市的评估研究和水泥、钢铁等行业层面的研究，还有水泥窑协同处置水泥等政策方面的研究；既包括环境协同效应研究，也包括经济效益和健康效益等评估方面的研究。我国通过推进清洁生产、调整产业结构和优化能源结构，探索了大量可以实现大气污染物和温室气体协同治理的技术路径及政策措施。清洁生产的全过程控制强调源头和过程监管，识别和分析污染源的产排特征及影响因子。目前我国主要通过采用先进工艺和技术降低产品能耗、提高物料利用率和回收率等措施实现协同减排。近年来我国通过清洁取暖、压减过剩产能等措施，大力推进污染物减排，协同推动了能耗强度和碳排放强度的下降，积累了不少经验。2020年我国碳排放强度比2015年下降18.8%，比2005年下降48.4%，累计少排放二氧化碳约58亿吨，同时，全国地级及以上城市优良天数比例为87%，$PM_{2.5}$未达标地级及以上城市平均浓度相比2015年下降28.8%。[①] 基本的研究结论是：开展污染物与温室气体协同控制具有显著的环境效益、经济效益和健康效益。总之，我国的污染物和温室气体减排协同控制政策是在污染物与温室气体具有同根、同源、同过程的性质基础上，经过科学评估研究而形成的。

第四，我国减污降碳协同增效政策实践性特征突出。减污降碳协同增效已经融合到财政、教育、交通、工业等各个领域，如前面提到的《财政支持做好碳达峰碳中和工作的意见》《工业领域碳达峰实施方案》《加强碳达峰碳中和高等教育人才培养体系建设工作方案》等相关政策都强调了减污降碳协同增效，这就为减污降碳协同增效政策的落实提供了坚实基础和保障。另外，地方不仅制定专门的减污降碳协同增效政策，而且将减污降碳协同增效政策融入到其他相关政策中，大大增加了减污降碳协同增效政策的落地。15个省（自治区、直辖市）包括北京市、河北省、辽宁省、黑龙江省、江苏省、浙江省、安徽省、河南省、广东省、海南省、重庆市、云南省、陕西市、甘肃省、宁夏回族自治区将减污降碳、协同控制的要求纳入当地《国民经济和社会发展第十四个五年规划和2035年远景目标纲要》，约占总数的一半（见表2-1）。

---

① 《中国应对气候变化的政策与行动》，http：//www.gov.cn/zhengce/2021-10/27/content_5646697.htm，最后访问日期：2023年5月1日。

表 2-1　31 个省（自治区、直辖市）《国民经济和社会发展第十四个五年规划和 2035 年远景目标纲要》中减污降碳的相关表述

序号	省区市	减污降碳	频次	批准/发布时间
1	北京	深入推进重点领域减排降碳	1	2021 年 1 月 27 日批准
2	天津	—	0	2021 年 2 月 7 日印发，2 月 8 日发布
3	河北	实施重点行业减污降碳，强化减污降碳协同效应，突出区域协同、措施协同、污染因子协同	2	2021 年 2 月 22 日批准
4	山西	—	0	2021 年 1 月 23 日通过，4 月 9 日发布
5	内蒙古	—	0	2021 年 2 月 7 日印发
6	辽宁	以协同降碳减污为总抓手，实现减污降碳协同效应，加强大气污染与温室气体协同减排	3	2021 年 3 月 30 日印发，4 月 8 日发布
7	吉林	—	0	2021 年 1 月 27 日通过，3 月 17 日印发
8	黑龙江	实现减污降碳协同效应	1	2021 年 3 月 2 日印发
9	上海	—	0	2021 年 1 月 27 日批准
10	江苏	推进大气污染物和温室气体协同减排、融合管控，开展协同减排政策试点	2	2021 年 1 月 29 日通过，2 月 19 日印发
11	浙江	实施温室气体和污染物协同治理举措	1	2021 年 1 月 30 日通过，2 月 19 日发布，2 月 26 日公开
12	安徽	实现减污降碳协同效应	1	2021 年 2 月 1 日批准
13	福建	—	0	2021 年 1 月 27 日批准
14	江西	—	0	2021 年 1 月 30 日通过，2 月 5 日印发
15	山东	—	0	2021 年 4 月 6 日印发
16	河南	推进大气污染物与温室气体协同减排	1	2021 年 4 月 2 日印发，4 月 13 日发布

续表

序号	省区市	减污降碳	频次	批准/发布时间
17	湖北	—	0	2021 年 1 月 27 日通过，4 月 12 日发布
18	湖南	—	0	2021 年 1 月 29 日通过，3 月 25 日发布
19	广东	推进温室气体和大气污染物协同减排，实现减污降碳协同强化环境保护、节能减排降碳约束性指标管理	2	2021 年 1 月 26 日批准，4 月 6 日印发
20	广西	—	0	2021 年 1 月 25 日通过，4 月 19 日印发
21	海南	加强与省外空气污染、碳排放联动治理减排降碳协同机制建设	2	2021 年 1 月 28 日通过
22	重庆	强化减污降碳协同效应	1	2021 年 2 月 10 日批准，3 月 1 日发布
23	四川	—	0	2021 年 2 月 2 日批准
24	贵州	—	0	2021 年 1 月 29 日通过
25	云南	推进减排降碳，加强商业、建筑与公共机构等领域节能减排降碳，统筹推进大气污染防治和气候变化应对，加强大气污染防治和温室气体控制的工作协调和政策协同	3	2021 年 1 月 29 日通过，2 月 8 日印发
26	西藏	—	0	2021 年 1 月 24 日通过
27	陕西	实施温室气体排控与污染物防治协同治理	1	2021 年 1 月 29 日批准，2 月 10 日印发
28	甘肃	加强大气污染物与温室气体协同减排	1	2021 年 1 月 28 日通过，2 月 22 日印发
29	青海	—	0	2021 年 2 月 4 日批准
30	宁夏	推动实现减污降碳协同效应	1	2021 年 2 月 1 日通过，2 月 26 日印发
31	新疆	—	0	2021 年 2 月 5 日通过

资料来源：作者整理。

第五，减污降碳协同政策内涵丰富。首先，减污降碳协同增效政策是生态环境保护和温室气体减排真正实现协同增效的有机融合，而不仅仅是在环境政策中提及气候减缓和适应相关措施，或者在气候政策中提及污染防治的简单拼接。其次，减污降碳协同增效中的“碳”既包括二氧化碳，也包括非二氧化碳类温室气体，《减污降碳协同增效实施方案》提出“加强消耗臭氧层物质和氢氟碳化物管理”“强化非二氧化碳温室气体管控”。另外，减污降碳协同增效是生态环境治理与温室气体减排的全方位协同，不仅仅只是大气污染治理和应对气候变化的协同，而是扩展到大气、水、固废、土壤等环境要素以及生态建设等范畴的协同治理。

当然，从国家对“要把实现减污降碳协同增效作为促进经济社会发展全面绿色转型的总抓手”这一总要求和总定位来看，当前的政策体系还面临较大挑战。主要包括：一是减污降碳协同增效作为经济社会发展全面绿色转型的总抓手的定位和作用尚未充分体现，缺乏总政策和顶层设计；二是从体制而言，减污降碳的决策仍是两条线；三是已出台的政策或措施存在不协同的情况。减污降碳协同增效政策尚需进一步完善。

第三章　减污降碳协同增效研究述评

随着环境管理政策越来越凸显减污降碳协同，相关研究关注度日益增加。减污降碳所讨论的对象逐步由环境领域中的大气污染物与温室气体减排，延伸到附带的环境健康收益，以及社会经济收益、国际合作的外溢效应等。本章内容聚焦减污降碳协同增效相关研究进展情况。①

第一节　研究进展概述

一　学界关注焦点与主要进展

减污降碳协同增效在学界多以“协同效应”名词出现。Ayres 和

① 本章综述内容主要以中文文献为主。

Walter 研究发现温室气体减排能同步减少污染物排放，从而在 1991 年提出了“伴生效益”（ancillary benefits）的概念。[①] 在此基础上，1992 年，Pearce 采用“次生效益”（secondary benefits）的概念来描述温室气体协同减排污染物以及减少其引起的损害。[②] IPCC 第二次评估报告[③]同时使用了伴生效益和次生效益，并在第三次评估报告[④]中首次定义了“协同效应”（co-benefits）的概念，即温室气体减排政策的非气候效益，并在政策设计时将其纳入考虑。IPCC 第五次评估报告[⑤]进一步将正面附加影响界定为协同效应，将负面附加影响界定为负面效应。

温室气体与大气污染物协同减排的基础来自其同源性的特征，两者的排放在很大程度上均与化石能源燃烧利用相关，针对单一对象的治理措施往往会产生多重结果。一般而言，采用源头治理的方式，例如产业和能源结构调整，往往能同步减少大气污染物或是温室气体排放，产生协同效应。而采用末端治理的方式，例如尾气脱硫脱硝，往

---

① Ayres R. U. and Walter J. , “The Greenhouse Effect: Damages, Costs And Abatement.” *Environmental and Resource Economics* 1, 1991, pp. 237-270.

② Pearce D. W. , *The Secondary Benefits of Greenhouse Gas Control*, 1992, 2020-12-01, http: //cserge. ac. uk/sites/default/files/gec_ 1992_ 12. pdf.

③ IPCC, *Climate Change* 1995: *Economic and Social Dimensions of Climate Change*, Cambridge: Cambridge University Press, 1995.

④ IPCC, *Climate Change* 2001: *Mitigation*, Cambridge: Cambridge University Press, 2001.

⑤ IPCC, *Climate Change* 2014: *Synthesis Report*, Cambridge: Cambridge University Press, 2014, p. 151.

往产生负面效应。①

国际上开展减污降碳协同增效研究的背景是，有关国家在推动以减排温室气体为目标的能源政策时发现其可协同减排局地大气污染物。但在中国等发展中国家，则主要是在控制污染物排放的进程中实现温室气体减排。究其原因，发达国家早在 20 世纪 80 年代左右就完成了工业化，通过推行产业链全球分工，将高耗能和高污染生产过程转移到欠发达国家，在降低生产制造成本的同时基本解决了本国污染问题。进入 20 世纪末期，西方发达国家将全球气候变化推向世界政治舞台，控制温室气体排放成为其经济社会发展和国际政治博弈的核心议题。而仍处于工业化进程中的发展中国家，面临较为严峻的环境污染治理压力，通过实施污染减排专项工作，特别是中国开展的"气十条""蓝天保卫战"等重大环境政策行动，证实了以大气污染物减排为目标的环境管理政策能同时减排温室气体，对两者的同源性进行了政策实践检验。

在温室气体减排政策驱动大气污染物协同减排方面，相关研究多采用自下而上、自上而下或两者相结合的评估方法。研究步骤包括：首先估算政策、措施产生的温室气体和大气污染物减排量，再通过大气扩散

---

① Ayres R. U. and Walter J., "The Greenhouse Effect: Damages, Costs And Abatement." *Environmental and Resource Economics* 1, 1991, pp. 237 - 270. Van Vuuren D. P., Cofala J., Eerens H. E., et al., "Exploring the Ancillary Benefits of the Kyoto Protocol for Air Pollution in Europe." *Energy Policy* 34 (4), 2006, pp. 444 - 460. Cifuentes L., Borja - Aburto V. H., Gouveia N., et al., "Climate Change: Hidden Health Benefits of Greenhouse Gas Mitigation." *Science* 293 (5533), 2001, pp. 1257-1259. Aunan K., Fang J., Hu T., et al., "Climate Change and Air Quality—Measures with Co-Benefits in China." *Environmental Science & Technology* 40 (16), 2006, pp. 4822-4829.

模型得到大气污染浓度分布及人群暴露水平的变化，并将随之产生的健康效应进行货币化评价。在针对具体的减排措施和技术手段时，更倾向于采用基于技术的“自下而上”模型结合“排放系数”法对协同效应进行评价，如能源技术模型，GAINS（Greenhouse Gas and Air Pollution Interactions and Synergies）模型等；而对于减排政策，则更适合用“自上而下”或“混合模型”进行评估，如E3MG、CGE（Computable General Equilibrium）模型等耦合空气质量模型。自上而下的方法常用于分析政策冲击对经济活动水平的影响，以及继发的环境影响。

减污降碳协同增效在国内的研究不足二十年，研究主体从最初的电力、钢铁、水泥等重点行业以及北京、上海、攀枝花、湘潭等城市，逐步扩展至交通和农业领域、废弃物处理过程，等等。研究方法日渐丰富，不仅可以对已实施政策进行评估，也能结合预测模型对未来协同减排情况加以分析，进一步提出成本优化模型来规划最优政策组合。整体来看，研究框架可综合成如图3-1所示的内容。针对选定的不同层次研究主体确定针对减排技术手段或政策措施进行不同类型污染物和温室气体协同减排的具体研究对象，再选取合适的研究方法，以达到政策评估或政策规划的目标。

二　文献计量分析

在中国知网（CNKI）在线数据库平台上选择中国学术期刊网络出版总库、中国博士学位论文全文数据库、中国硕士学位论文全文数据库，以“协同减排”“温室气体协同大气污染物”“协同控制”“协同效应”为检索关键词，检索时间截至2022年5月23日公开发表的成

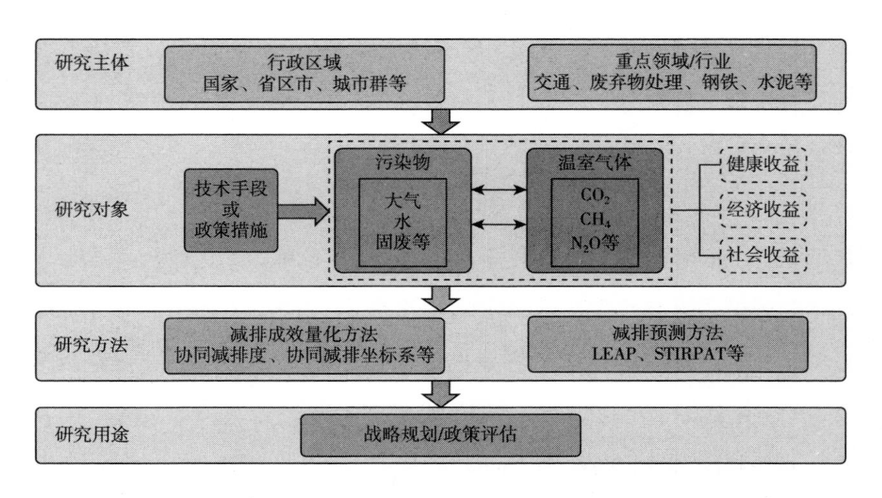

图 3-1　减污降碳协同增效研究框架

果，共计 203 篇。其组成如图 3-2 所示。学术期刊论文 156 篇，占比约 77%，相关硕博学位论文 40 篇，会议论文 7 篇。

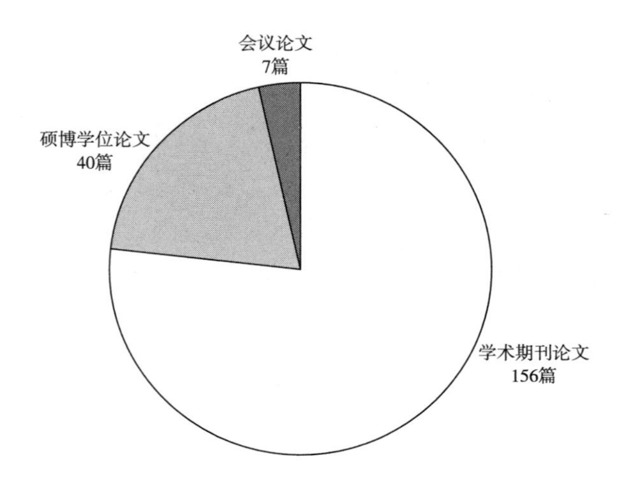

图 3-2　发表文章的组成

（一）文献数量

中文研究成果发表统计结果如图 3-3 所示，最早的中文文献来自国家发展和改革委员会能源研究所杨宏伟于 2004 年 4 月在《能源环境保护》第 2 期上发表的《应用 AIM/Local 中国模型定量分析减排技术协同效应对气候变化政策的影响》。该研究以北京市为案例，旨在研究国内环境保护政策和措施产生的温室气体协同减排效应。到“十二五”时期国家开始实施二氧化碳排放强度考核以及部分区域面临严峻的环境质量改善压力，协同治理研究发文数量明显增加。自 2020 年宣布碳达峰、碳中和发展目标后，2021 年发文数量增幅明显，较上年度提升 48%。当前，减污降碳协同增效作为促进经济社会发展全面绿色转型的总抓手，是指导生态环境保护工作的核心要义。

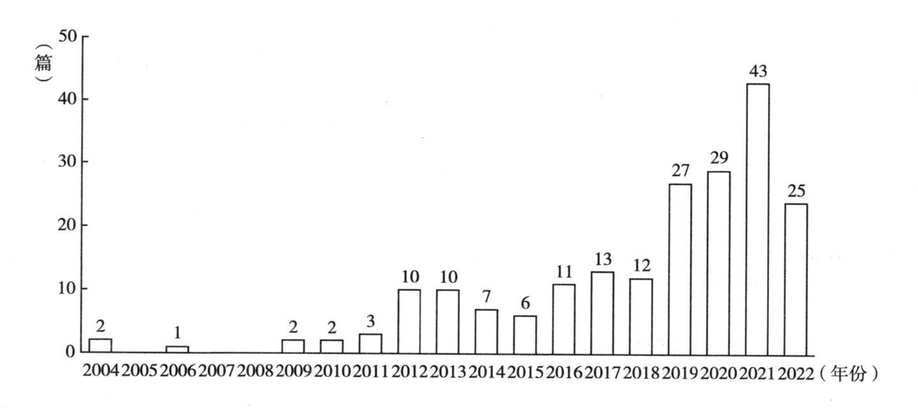

图 3-3　发表文章的年度分布

说明：2022 年数据截至 5 月 23 日。

（二）主要高产作者

统计各发表文章作者信息，发文数量排在前 10 位的学者如表 3-1 所示。高产作者发文量均不少于 4 篇，其中毛显强发文 13 篇，占该领域全部发文数量的 6.40%，邢有凯发文量占比为 5.42%，李丽平、胡涛和高玉冰发文量均为 9 篇，占比均为 4.43%。

表 3-1 减污降碳协同增效研究领域中文文献主要高产作者

单位：篇，%

序号	作者	文章数量	文章占比	所在单位
1	毛显强	13	6.40	北京师范大学
2	邢有凯	11	5.42	北京师范大学
3	李丽平	9	4.43	生态环境部环境与经济政策研究中心
4	胡涛	9	4.43	生态环境部环境与经济政策研究中心
5	高玉冰	9	4.43	北京师范大学，北京亚太展望环境发展咨询中心
6	田春秀	8	3.94	生态环境部环境与经济政策研究中心
7	冯相昭	8	3.94	生态环境部环境与经济政策研究中心
8	何峰	6	2.96	北京师范大学，北京亚太展望环境发展咨询中心
9	杨宏伟	4	1.97	国家发展和改革委员会能源研究所
10	刘胜强	4	1.97	北京师范大学

注：截至 2022 年 5 月 23 日；作者为发文第一作者。

（三）主要高引文献

减污降碳协同增效研究领域引用次数最多的三篇文章均发表在 2012 年及之前，分别是毛显强等在 2012 年发表的《中国电力行业硫、氮、碳协同减排的环境经济路径分析》，被引次数达 71 次；李丽平等在 2010 年发表的《污染减排的协同效应评价研究——以攀枝花市为例》，被引 59 次；毛显强等在 2011 发表的《技术减排措施协同控制效应评价研究》，被引 57 次。表 3-2 列举了被引频次最高的 10 篇文章，被引次数均超过 30 次。

表 3-2　减污降碳协同增效相关研究历年最为高引的十篇文章

序号	作者	文章题目	发表期刊	发表年份（年）	引用次数（次）
1	毛显强、邢有凯、胡涛、曾桉、刘胜强	《中国电力行业硫、氮、碳协同减排的环境经济路径分析》	《中国环境科学》第 4 期	2012	71
2	李丽平、周国梅、季浩宇	《污染减排的协同效应评价研究——以攀枝花市为例》	《中国人口·资源与环境》第 S2 期	2010	59
3	毛显强、曾桉，胡涛、邢有凯、刘胜强	《技术减排措施协同控制效应评价研究》	《中国人口·资源与环境》第 12 期	2011	57
4	任亚运、傅京燕	《碳交易的减排及绿色发展效应研究》	《中国人口·资源与环境》第 5 期	2019	53
5	胡涛、田春秀、李丽平	《协同效应对中国气候变化的政策影响》	《环境保护》第 9 期	2004	51
6	马丁、陈文颖	《中国钢铁行业技术减排的协同效益分析》	《中国环境科学》第 1 期	2015	49
7	杨宏伟	《应用 AIM/Local 中国模型定量分析减排技术协同效应对气候变化政策的影响》	《能源环境保护》第 2 期	2004	44
8	王金南、宁淼、严刚、杨金田	《实施气候友好的大气污染防治战略》	《中国软科学》第 10 期	2010	42
9	刘胜强、毛显强、胡涛、曾桉、邢有凯、田春秀、李丽平	《中国钢铁行业大气污染与温室气体协同控制路径研究》	《环境科学与技术》第 7 期	2012	39

续表

序号	作者	文章题目	发表期刊	发表年份（年）	引用次数（次）
10	高玉冰、毛显强、Gabriel Corsetti、魏毅	《城市交通大气污染物与温室气体协同控制效应评价——以乌鲁木齐市为例》	《中国环境科学》第11期	2014	32

（四）主要期刊

相关研究成果主要发表在环境类期刊上，《环境保护》、《中国人口·资源与环境》和《气候变化研究进展》是减污降碳协同增效领域发文的主阵地。此外，《中国环境科学》、《生态经济》和《环境科学研究》等也均有超过5篇的发文量（见表3-3）。研究成果集中在环境领域，主要原因在于我国减污降碳协同研究是以大气污染物治理为主要驱动因素，在减污政策设计和实施过程中产生了温室气体协同减排效应。

表3-3 减污降碳协同增效研究领域主要期刊

单位：篇，%

期刊名称	文献数量	文献占比
《环境保护》	13	8.33
《中国人口·资源与环境》	10	6.41
《气候变化研究进展》	9	5.77
《中国环境科学》	8	5.13
《生态经济》	6	3.85
《环境科学研究》	6	3.85
《中国环境管理》	5	3.21
《环境与可持续发展》	5	3.21

注：截至2022年5月23日。

（五）主要研究机构

从各研究机构和大学参与的成果发表来看，如图 3-4 所示，除其他机构外，清华大学占比最高，为 12%，其中有 2.5%的研究来自硕博学位论文；其次是生态环境部环境与经济政策研究中心，占比为 11%。北京师范大学和中国环境科学研究院发文数量占比分别达到 8%和 6%。

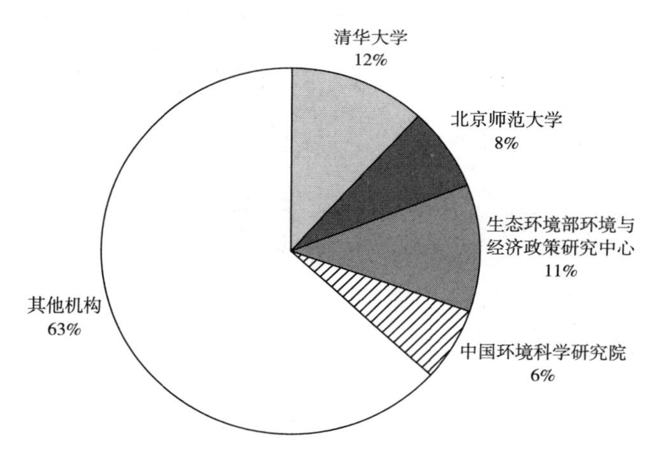

图 3-4　研究成果机构分布

（六）研究焦点词云分析

将 203 篇文章的标题整合后进行词频分析，结果如图 3-5 所示。污染物、协同、温室、气体、减排、协同效应、减污降碳出现的频次较高，对应减污降碳关注的核心词语。在研究对象方面，聚焦中国大地，京津冀的大气污染物治理的核心区域、上海作为经济发达地区同时兼顾高端制造业和第三产业发展是相关研究开展的重点区域，城市和工业园区层面的工作同样是关注的焦点。钢铁、电力、水泥是重点研究行业，交通运输作为颗粒物和氮氧化物的重要排放源是研究的重点领域之一。在研究的导向性上，涉及效益的评价、分析，机制的建立，以及控制路径和政策的优化设计，并在法律层面有诸多探讨。

图 3-5 发表研究成果标题词云分析

第二节 评估方法

一 政策/技术实施效果量化方法

（一）污染物和温室气体排放量及减排量测算

当前减污降碳协同增效的研究主要集中于对大气污染物与 CO_2、

CH_4和 N_2O 等温室气体的协同减排研究上，对其他类型的污染物和温室气体涉及较少。

1. 大气污染物排放的计算

大气污染物排放主要包括 SO_2、NO_x、VOCs 和颗粒物（烟/粉尘）。其排放系数与能源消费品种、燃烧条件、治污设备运行效率等有关。相关研究学者、机构给出了不同的排放源和排放过程的主要污染物排放系数，或是依据《城市大气污染源排放清单编制技术手册》进行核算，主要核算公式如下：

$$E = A \times EF \times (1 - \eta) \tag{3-1}$$

A 为燃料消耗量或产品产量或行政区活动水平，EF 为污染物产生系数，η 为污染控制设施对污染物的去除效率。

2. 大气污染当量核算

鉴于减排措施针对不同污染物的减排潜力不同，存在着减排绝对量和相对量的差异，为系统评估减排政策、减排措施的协同性及其协同程度，毛显强等依据环境、经济、社会影响及其货币化成本，基于污染排放（减排）当量，对各种温室气体和局地大气污染物赋予权重，整合成污染排放当量。① 大气污染当量的定义源自《中华人民共和国环境保护税法》，采用下式核算：

---

① Mao X. Q., Zeng A., Hu T., et al., "Co-control of Local Air Pollutants and CO_2 in the Chinese Iron and Steel Industry." *Environmental Science & Technology* 47 (21), 2013, pp. 12002-12010.

$$E_{LAP} = \alpha E_{SO_2} + \beta E_{NO_x} + \gamma E_{CO} + \delta E_{VOCs} + \varepsilon E_{NH_3} + \zeta E_{PM_{10}} \quad (3-2)$$

式中，E_{LAP} 为大气污染当量，单位为吨；E_{SO_2} 为二氧化硫排放量，单位为吨；E_{NO_x} 为氮氧化物排放量，单位为吨；E_{CO} 为一氧化碳排放量，单位为吨；E_{VOCs} 为挥发性有机物排放量，单位为吨；E_{NH_3} 为氨排放量，单位为吨；$E_{PM_{10}}$ 为可吸入颗粒物排放量，单位为吨；α、β、γ、δ、ε、ζ 分别为二氧化硫、氮氧化物、一氧化碳、挥发性有机物、氨和可吸入颗粒物的当量系数，无量纲。当量系数的具体数值见表 3-4。

表 3-4　大气污染物当量系数

大气污染物	当量系数	当量系数值
二氧化硫	α	1/0.95
氮氧化物	β	1/0.95
一氧化碳	γ	1/16.7
挥发性有机物	δ	1/0.95
氨	ε	1/9.09
可吸入颗粒物	ζ	1/2.18

3. 温室气体排放的计算方法

在相关研究中涉及的温室气体主要包括 CO_2、CH_4和 N_2O。常采用两种核算方法：一种是基于燃料或过程的排放量计算，其以《2006 年 IPCC 国家温室气体清单指南》、《省级温室气体排放清单编制指南（试行）》和《综合能耗计算通则（GB/T2589—2008）》为参考，通过实测或参考缺省值的方法获取不同燃料在不同使用过程中的排放因子；另一种是更为简化的排放系数法，根据我国第一次和第二次污染源普查手册，查出主要行业污染物排放系数，从而得到相关过程污染物和 CO_2的排放量。

能源活动化石燃料燃烧温室气体排放清单编制采用以详细技术为基础的部门方法，该方法以分部门、分燃料品种、分设备的燃料消费量以及相关排放因子，通过逐层累加综和计算得到总排放量。

$$E_{CO_2} = A_{k,g} \times LHV_{k,g} \times TC_{k,g} \times Ox_{k,g} \times 44/12 \quad (3-3)$$

式中，E 为二氧化碳排放量，单位为吨；其中，$A_{k,g}$ 为在 g 领域，能源品种 k 的消费量，单位为吨；$LHV_{k,g}$ 为能源品种 k 在 g 领域的低位发热量，单位为太焦/万吨；$TC_{k,g}$ 为对应的含碳量，单位为吨碳/太焦；$Ox_{k,g}$ 为碳氧化率，单位为百分比。

4. 减排量核算

减排量的分析往往以特定减排政策措施和技术手段为对象，以活动水平和排放因子来估算其减排效果，如式 3-4 所示。

$$E_{i,j} = A_{i0} \times C_{i,j_0} - A_{i1} \times C_{i,j1} \quad (3-4)$$

$E_{i,j}$ 表示措施 i 对 j 污染物和温室气体的减排效果；A_{i0} 表示措施 i 实现前的活动水平，C_{i,j_0} 为措施 i 实施前的排放因子；A_{i1} 表示措施 i 实施后的活动水平，$C_{i,j1}$ 为措施 i 实施后的排放因子。

5. 协同减排核算

顾阿伦等采用 KAYA 公式进行核算。[1] KAYA 公式可以将污染物排放量按因素分解为产值、单位产值的能源/煤炭消费强度以及单位能源/煤炭的污染物排放强度。

$$Q_c = P \times E_p \times I_e \tag{3-5}$$

Q_c 为污染物排放量，P 为产值，E_p 为单位产值的能源/煤炭消费强度，I_e 为单位能源/煤炭的污染物排放强度。结构减排通常是指上大压小的规模结构调整来减少污染物排放，作用在 P 或 E_p 上。工程减排则主要作用在 I_e 上。因此，通过产业结构调整、降低增加值或产值能源消费强度，同时通过末端治理技术的推广来降低单位能耗的污染物排放强度，是我国通过降低产值来加大污染物排放强度的关键途径。另外，“上大压小”在减少污染物排放的同时也减少了能源消耗，带来降低 CO_2 排放的协同效益。

相较 2005 年，2010 年污染物控制的结构效应如下式所示：

$$\begin{aligned} \Delta Str &= P_{2010} \times \Delta E_p \times I_e^{2005} \\ \Delta E_p &= E_p^{2005} - E_p^{2010} \end{aligned} \tag{3-6}$$

---

① 顾阿伦、滕飞、冯相昭：《主要部门污染物控制政策的温室气体协同效果分析与评价》，《中国人口·资源与环境》2016 年第 26 卷第 2 期，第 10~17 页。

相较 2005 年，2010 年污染物控制的工程效应如下式所示：

$$\Delta Eng = P_{2010} \times E_p \times \Delta I_e$$
$$\Delta I_e = I_e^{2005} - I_e^{2010} \tag{3-7}$$

（二）污染物排放量弹性系数

毛显强等为评价不同技术减排措施对大气污染物和温室气体减排的协同程度，提出了污染物减排量交叉弹性系数，记为 $Els_{c/s}$ ，下标 c、s 分别代表不同的污染物或温室气体。①

$$Els_{c/s} = \frac{\Delta c/C}{\Delta s/S} \tag{3-8}$$

c 代表污染物，s 代表温室气体。当弹性系数 $Els_{c/s} \leqslant 0$ 时，表明此项技术减排措施无法同时减排特定污染物和温室气体；当 $Els_{c/s} > 0$ 时，表明此项技术减排措施能同时减排特定污染物和温室气体。当 $Els_{c/s} = 1$ 时，表明此项技术减排措施对污染物和温室气体减排程度相同；当 $Els_{c/s}$ 介于 0 和 1 之间时，表明此项技术对污染物减排程度低于温室气体；当 $Els_{c/s} > 1$ 时，表明此项技术对污染物减排程度高于温室气体。

（三）技术减排措施成本-效果评价

如何从诸多减排手段中选取较优减排路径，是制定实施协同减排政

① 毛显强、曾桉、胡涛、邢有凯、刘胜强：《技术减排措施协同控制效应评价研究》，《中国人口·资源与环境》2011 年第 21 卷第 12 期，第 1~7 页。

策的关键。毛显强等在综合考虑技术减排措施的减排效果和减排成本的基础上，采用类似麦肯锡的方法绘制各措施的边际减排成本曲线，反映出减排单位量污染物须付出的成本以及相应减排潜力。① 当明确温室气体和局地大气污染物排放控制目标后，以减排效果或是减排成本作为优化目标，可求解出最优协同控制路径。技术减排成本收益计算公式如下：

$$C_{i,j} = \frac{CC_i - MB_i}{Q_{i,j}} \tag{3-9}$$

式中，$C_{i,j}$ 为措施 i 减排单位污染物/温室气体 j 的成本，单位为元/吨；CC_i 为措施 i 的建设和运营成本，单位为元；MB_i 为措施 i 产生的节能或其他减排收益，单位为元；$Q_{i,j}$ 为措施 i 对污染物/温室气体 j 的减排量。

（四）协同控制效应坐标系法

为直观对比不同减排措施协同减排大气污染物与温室气体的能力，毛显强等建立了协同控制效应坐标系，② 以大气污染物减排效果为横轴，以温室气体减排效果为纵轴（见图 3-6）。坐标系中的每个点分别对应一项技术减排措施，点的横、纵坐标则直观地表达了该措施对大气污染物和温室气体的减排效果。位于第一象限表示该措施可同时减排两

① 毛显强、邢有凯、胡涛、曾桉、刘胜强：《中国电力行业硫、氮、碳协同减排的环境经济路径分析》，《中国环境科学》2012 年第 32 卷第 4 期，第 748~756 页。

② 毛显强、曾桉、胡涛、邢有凯、刘胜强：《技术减排措施协同控制效应评价研究》，《中国人口·资源与环境》2011 年第 21 卷第 12 期，第 1~7 页。

类污染物，位于第二象限表示减排温室气体但增排大气污染物，位于第四象限表示减排大气污染物但增排温室气体，位于第三象限表示同时增排两类污染物。在第一象限中，某点到原点连线与横坐标的夹角越大，表明该点所代表的措施在减排等量大气污染物的同时，对温室气体的减排效果越好；坐标系的横、纵坐标也可以均表示技术减排措施对大气污染物的减排效果或均表示对温室气体的减排效果，此时的协同控制效应坐标系反映了技术减排措施对不同大气污染物或不同温室气体的减排效果及其“协同”状况。同理，协同控制效应三维坐标系可用于直观地反映减排措施对三种污染物的减排效果及其“协同”状况，分析方法与协同控制效应二维坐标系类似。

（五）评价指标体系法

评价指标体系广泛应用于不同区域层级的工作推进程度或是特定方面的综合发展水平。王涵等以分析全国各地区减污降碳与经济协同发展水平为目标，构建了减污-降碳-经济综合评价指标体系，以大气污染物减排量、工业废气治理设施、二氧化碳排放量、二氧化碳排放强度、人均 GDP 以及三大产业增量为量化指标，采用灰色关联度法对各地区减污、降碳和经济指标进行了综合评价。[①] 分析减污、降碳和经济发展间的耦合协调度，根据评价结果可因地制宜地提出减污降碳与地区经济发展的建议。

除上述方法外，还有其他研究方法拓展了减污降碳的研究边界。Xue 等基于中国清单标准通过全生命周期评价方法对比分析了风电与

---

① 王涵、李慧、王涵、王淑兰、张文杰：《我国减污降碳与地区经济发展水平差异研究》，《环境工程技术学报》2022 年第 12 卷第 5 期，第 1584～1592 页。

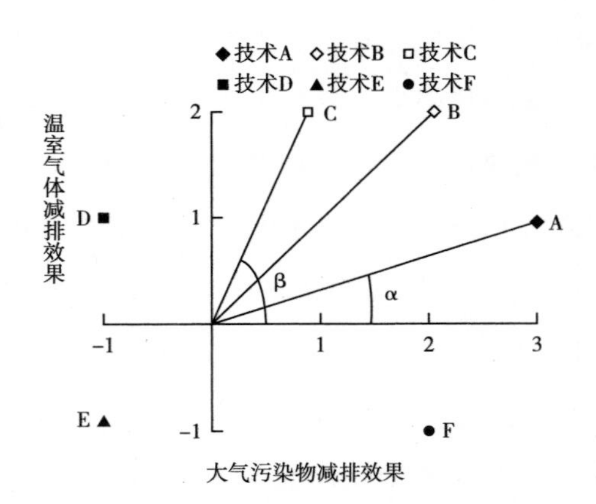

图 3-6 减排措施协同控制大气污染物减排效果坐标系示意

资料来源：毛显强、曾桉、胡涛、邢有凯、刘胜强：《技术减排措施协同控制效应评价研究》，《中国人口·资源与环境》2011 年第 12 期，第 1~7 页。

煤电的环境影响。[①] 傅京燕和原宗琳基于拓展的 KAYA 恒等式，结合省际面板数据量化了电力行业 CO_2与 SO_2协同减排效应，并发现，区域异质性使得并非所有地区都适合探索协同减排路径，超六成区域可进一步挖掘协同减排潜力，其余地区则需考虑更直接的 SO_2防治措施。[②]

① Xue B., Ma Z., Geng Y., et al., "A life Cycle Co-benefits Assessment of Wind Power in China." *Renewable & Sustainable Energy Reviews* 41, 2015, pp. 338-346.

② 傅京燕、原宗琳：《中国电力行业协同减排的效应评价与扩张机制分析》，《中国工业经济》2017 年第 2 期，第 43~59 页，DOI：10.19581/j.cnki.ciejournal.2017.02.004。

二　预测模型

减污降碳协同增效的评估一方面是评价已开展的工作，另一方面在于预判协同减排的潜力，为制定减排政策提供有力支撑。为有效预测相关能源活动水平、污染物和温室气体减排量，常用 LEAP、CGE 和 STIRPAT 模型。

（一）LEAP 模型

1. 模型介绍

LEAP（the Low Emission Analysis Platform，旧称 the Long Range Energy Alternatives Planning Systems）是由瑞典斯德哥尔摩环境研究所开发的自下而上的能源消费、温室气体和大气污染物排放建模平台。常结合情景分析，建立若干经济、社会、技术、消费演变趋势，对研究主体的能源结构、排放进行预判。与宏观的经济学模型（如 CGE、MARKAL 等）不同，LEAP 模型不去分析财税手段、就业、贸易等影响，也不是寻求最优的市场均衡状态。其优点在于可灵活应用于不同责任主体，便于快速量化分析特定政策手段的减排效果。

LEAP 模型常见的输入-输出形式如图 3-7 所示，以基准年案例城市/区域的污染物排放清单和温室气体排放清单为数据基础，结合社会经济发展规划情况和政策调控情况设计不同发展情景，并预测出在特定年份（一般以 10~30 年为时间跨度）的大气污染物和温室气体排放量。

2. 模型建立的方法

LEAP 模型可针对不同能源系统特性来建模，每种模型都需要各自匹配的数据结构，各类建模方式都可划分为自下而上的核算方法和自上

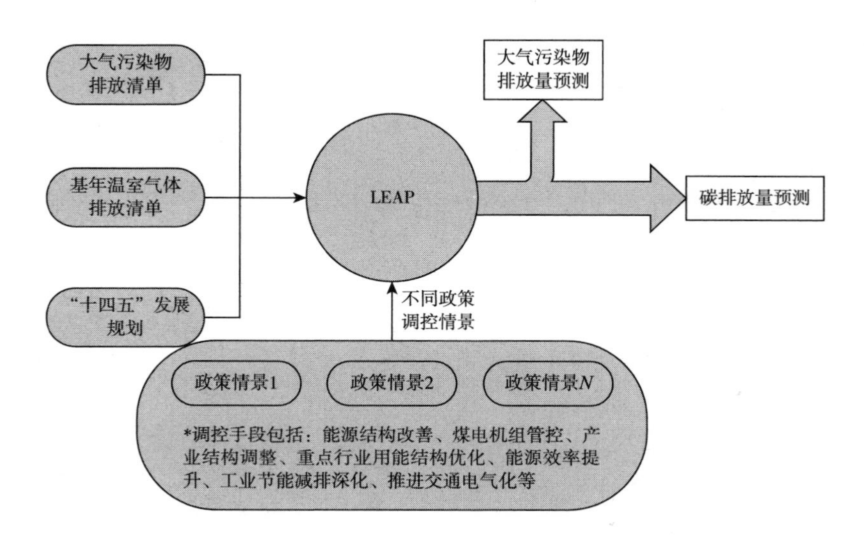

图 3-7 LEAP 模型输入-输出形式示意

而下的宏观经济模型。对于特定能源系统，平台设置了需求、转化、资源三个基本模块，三者间保持动态平衡，即终端能源需求量等于可供系统消费的能源供应量与加工转换投入产出量之和，这也是 LEAP 模型最基本的运行逻辑。除模型指标变量在模块中直接输入外，影响能源系统变动的宏观经济因素（如人口、GDP、城市化发展水平等）、产业增加值、收入、技术进步率等指标也可在核心指标设计部分进行设计。

城市 LEAP 典型框架模型示意如图 3-8 所示，第一级分为产业部门和居民消费。产业部门第二级模型分为第一、第二和第三产业，到第三级模型，第二产业细分为钢铁、电力、建材、化工和其他工业以及建筑业；第三产业分为批发零售、其他服务业和交通，其中交通又分为第四级的客运和货运。居民消费区分为城镇居民和乡村居民的能源消费情况。在模型的第五级也就是最后一级，是各部分消费的各类能源品种，如无烟煤、烟煤、焦炭、汽油、燃料油、柴油、天然气和电力等。

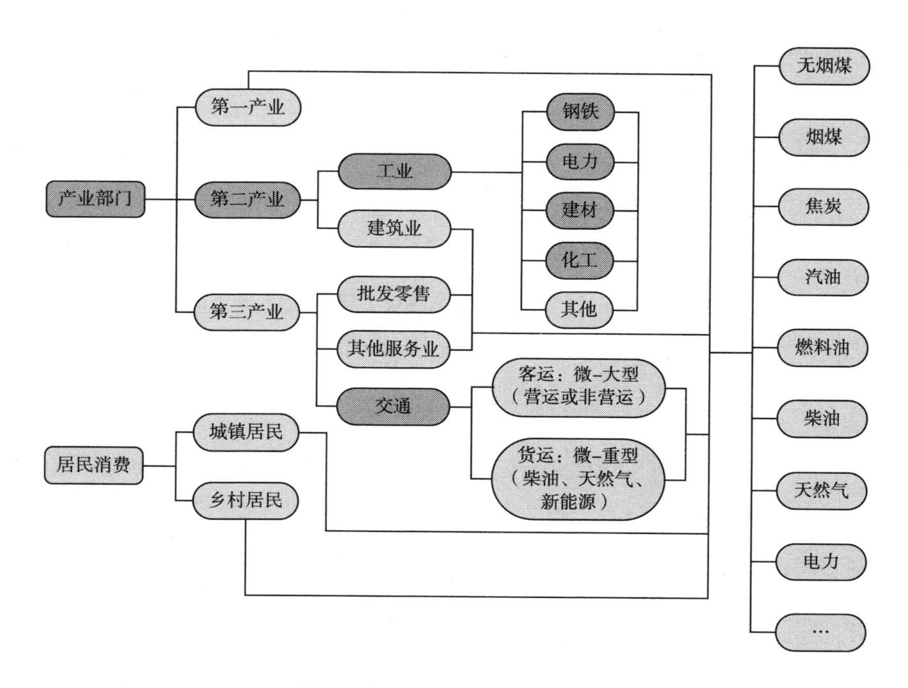

图 3–8　LEAP 模型框架示意

3. 模型的应用

LEAP 模型作为一种基于情景分析的能源–经济–环境综合模型，被许多学者用于模拟分析国家、区域和重点领域的能源需求、政策评估等问题。冯相昭等利用 LEAP 模型模拟预测了多情景下交通领域未来能源消费、CO_2和主要污染物排放的变化。[①] 为分析老旧汽车淘汰等政策措施实施效果，他们对车辆类型、燃料品种等进行细分。在这一研究中，交通需求预测主要包含人口和人均 GDP 预测、民用车周转量预测、总交通需求预测，并设计了四类发展情景。

（二）CGE 模型

1. 模型介绍

Johansen 于 1960 在 *A Multi-Sectoral Study of Economic Growth* 一书中第一次提出了 CGE 模型的概念。[②] 相较于常用的计量经济学模型，CGE 能够以微观经济主体为基础，并通过设置清晰的微观-宏观函数关系建立起整体宏观经济模型。模型能够通过方程组来描述多市场参与主体的行为，从而可以模拟出某一项政策可能带来的在微观和宏观层面的效果，是开展环境经济政策研究工作的重要工具。

按照 CGE 模型处理对象的层级来分，可以是多区域尺度、全国尺度以及全球多国尺度。在全国模型中，国家作为经济体，会区分各经济组成部门而不会进一步对地理信息进行区分。而多区域尺度则是在全国模型的基础上添加地理维度的信息，常用的处理方法有自上而下和自下而上两种。自上而下的多区域模型在计算全国模型的基础上，按照某种比例关系确定各地区的变量，计算较为简单、需求数据量较少。自下而上的多区域模型通过将选定区域切分为 *N* 个小区域，针对每个小区域

---

① 冯相昭、赵梦雪、王敏、杜晓林、田春秀、高霁：《中国交通部门污染物与温室气体协同控制模拟研究》，《气候变化研究进展》2021 年第 17 卷第 3 期，第 279~288 页。

② Johansen B. L., *A Multi-Sectoral Study of Economic Growth*, North-Holland Pub. Co., 1960.

除需要自上而下方法的数据类型外，还需要这 N 个区域间的商品、要素流动等数据资料，需要更为详细的原始数据，模型更为复杂。全球多国模型类似于多区域模型，尽管尺度更大但比多区域模型略简单，所需数据量相对较少。当添加上时间维度，CGE 模型又可区分为只对基准时间数据进行模拟分析的静态模型和与其相对的动态模型。动态模型是根据模型使用人对未来经济社会发展在数年或数十年变化的预测进行情景设置的基础上进行结果预测。[①]

2. 模型计算

如图 3-9 所示，Böhringer、Rutherford 和 Wiegard 在 2003 年总结了应用 CGE 模型的五大步骤。[②] ①深入了解政策背景并提出科学问题，对描述政策背景的资料和数据进行深入分析；②正确描述研究对象所需要的经济理论，确定模型的驱动机制；③数据工作，包括一致性数据集的建立，即基于投入产出和国民账户的社会核算矩阵（SAM）、W 及外生弹性值的选取等，选择函数形式，进行模型设定；④通过校准确定各类参数，然后进行政策模拟和敏感性分析；⑤解释模拟结果，并根据结果提出政策建议。[③]

一套完整的 CGE 模型包含成千上万个方程与方程组，对应的变量数量可达数万之多，求解难度较大，常用的求解工具为运筹学常用的求

① 马喜立：《大气污染治理对经济影响的 CGE 模型分析》，博士学位论文，对外经济贸易大学，2017。

② 冯相昭、赵梦雪、王敏、杜晓林、田春秀、高霁：《中国交通部门污染物与温室气体协同控制模拟研究》，《气候变化研究进展》2021 年第 17 卷第 3 期，第 279~288 页。

③ 钟帅：《基于 CGE 模型的水资源定价机制对农业经济的影响研究》，博士学位论文，中国地质大学，2015。

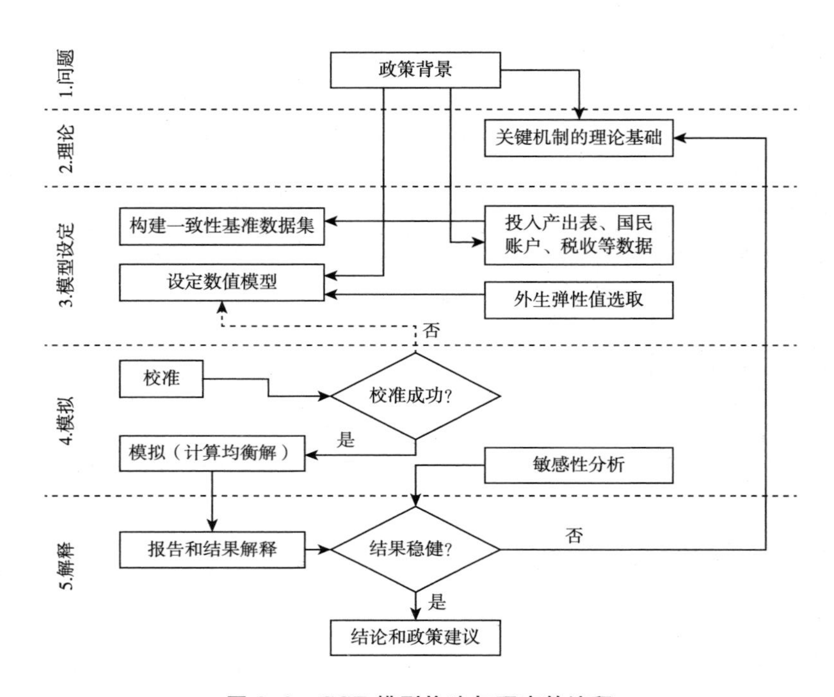

图 3-9 CGE 模型构建与研究的流程

解器一般性代数仿真系统（General Algebraic Modeling System，GAMS）和专门面向 CGE 模型开发的通用均衡建模包（General Equilibrium Modelling Package，GEMPACK）。

3. 模型应用

为分析水泥行业节能减排的潜力，何峰等采用 CGE 模型对全国水泥市场需求进行了预测，并结合对 24 项节能减排措施在不同年份的渗透率开展了协同减排量化分析。① 环境经济政策如环境税、碳税、成品油消费税等对交通行业协同减排有较为明显的效果，邢有凯等通过构建“CGE-CIMS 联合模型”分析了这类政策手段对全国交通行业不同交通工具在客运、货运场景下不同燃料消费引起的局地大气污染物和 CO_2 的协同减排量潜力。②

（三）STIRPAT 模型

1. 模型介绍

STIRPAT（Stochastic Impacts by Regression on Population，Affluence and Technology）模型前身为 IPAT［Environment Impact（I） is the Protect of Population（P），Affluence（A），and Technology（T）］模型。其诞生背景是国内外学者对于环境问题产生根源的思考，研究人员发现环境问题是多方面发展因素共同作用的结果，但社会经济活动产生的影响最为重要。为深入探寻经济社会发展对环境影响的机制，Ehrlich 和 Holdren 在 1971 年③建立 IPAT 模型将环境影响（Impacts，I）与人口（Population，P）、富裕水平（Affluence，A）、技术（Technology，T）联系起来，也被称为环境压力模型，如式 3-10 所示。

---

① 何峰、刘峥延、邢有凯、高玉冰、毛显强：《中国水泥行业节能减排措施的协同控制效应评估研究》，《气候变化研究进展》2021 年第 17 卷第 4 期，第 400~409 页。

② 邢有凯、刘峥延、毛显强、高玉冰、何峰、余红：《中国交通行业实施环境经济政策的协同控制效应研究》，《气候变化研究进展》2021 年第 17 卷第 4 期，第 379~387 页。

③ Ehrlich P. R.，Holdren J. P.，“Impact of Population Growth.” *Science* 171（3977），1971，pp. 1212-1217.

$$I = P \times A \times T \tag{3-10}$$

由于碳排放与经济发展指标间并不仅存在单一的线性关系，为克服IPAT 等式各因素等比例影响的不足，York 等①基于 IPAT 等式，提出了STIRPAT 模型，表达式为：

$$I = \mathrm{a}P^{b} \times A^{c} \times T^{d} \times e \tag{3-11}$$

式中，*a*、*b*、*c*、*d* 为变量系数，*e* 为误差项。根据研究需要，模型可以扩充其他无量纲变量以考虑更多变量因素，例如人口总量、城镇化率、地区生产总值、第三产业比重、能源强度、能源消费结构等。

在实际应用中，通常对式 3-11 两边取自然对数，得到式 3-12，即将模型转化为线性回归方程，从而大大降低了模型求解难度，通过拟合历史数据情况而得出模型中各参数。由于变量参数间可能存在共线性情况，在得出最终拟合结果前常需进行共线性检验以及相应处理。

$$\ln I = \ln a + \beta_1 \ln P + \beta_2 \ln A + \beta_3 \ln T + \beta_4 \ln S + e \tag{3-12}$$

2. 模型计算过程

第一步，需要确定目标对象是哪一类温室气体或是污染物，以及相

① York R., Rosa E. A., Dietz T., "A Rift in Modernity? Assessing the Anthropogenic Sources of Global Climate Change with the Stirpat Model." *International Journal of Sociology and Social Policy* 23 (10), 2003, pp. 31-51.

应的变化因素。通过查阅统计年鉴、政府公报、核算等方式获取相应基础数据。

第二步，需要进行多重共线性检验，常用方差的膨胀因子（VIF）来判断，VIF 越大，多重共线性问题越严重。常用的判断标准为，当 $0<\mathrm{VIF}<10$ 时，可将所分析变量间视为不存在多重共线性问题；当 $10\leqslant\mathrm{VIF}<100$ 时，可认定变量间存在较强多重共线性情况；当 $\mathrm{VIF}\geqslant100$ 时，则存在极为严重的多重共线性问题。若存在多重共线性问题，为避免模型评估失真，可采用岭回归、偏最小二乘、lasso 回归等方法消除多重共线性情况。

第三步，模型拟合。通过各类计算工具将历年数据情况进行拟合分析，输出满足显著性水平检验的结果。

第四步，通过拟合好的模型对未来发展情景进行预测，获得污染物或温室气体排放变化趋势。

3. 模型应用

刘茂辉等采用减排量弹性系数法评估了天津市 2015～2017 年减污降碳协同效应，并基于 STIRPAT 模型和情景分析预测了天津市“十四五”时期及之后污染物和碳排放变化趋势，对其减污降碳协同系数变化情况进行了预判。① 王琳杰等运用 STIRPAT 模型分析了鄱阳湖沉积物重金属的关键影响因素。② 杨森等运用 STIRPAT 模型对京津冀地区生态

① 刘茂辉、刘胜楠、李婧、孙猛、陈魁：《天津市减污降碳协同效应评估与预测》，《中国环境科学》2022 年第 42 卷第 8 期，第 3940～3949 页。

② 王琳杰、曾贤刚、段存儒、余辉、杨媚：《鄱阳湖沉积物重金属污染影响因素分析——基于 STIRPAT 模型》，《中国环境科学》2020 年第 40 卷第 8 期，第 3683～3692 页。

化发展路径与协同效应进行了量化分析。① STIRPAT 在区域和城市层面碳排放预测的应用更为广泛。②

第三节 应用研究

一 区域层面协同评估

自“十二五”时期国家强力推动大气污染治理、印发实施全国以及重点区域的污染防治行动方案，学界的研究视角不仅聚焦于重点省份，也关注到跨省份的减污降碳工作推进情况，还将视角切入到微观的排放较集中的园区层面。在不同层级区域研究尺度上，有涉及体制机制的讨论，有对专项行动的协同减排效果评估，还有外延至健康收益的讨论等，因而有多方面的积累。

管理上的协同是推动减污降碳协同增效的重要前提。陈菡等从国家和省市两方面分析了实现碳排放碳达峰和空气质量达标工作在顶层政策机制、技术体系和资金支撑等方面的制约因素，并就完善分区域梯次实现“双达”提出了相关建议。③ 田丹宇和常纪文探讨了大气污染物与二

① 杨森、许平祥、白兰：《京津冀生态化路径的差异化与协同效应研究——基于 STIRPAT 模型行业动态面板数据的 GMM 分析》，《工业技术经济》2019 年第 38 卷第 12 期，第 84~92 页。

② 李健、王孟艳、高杨：《基于 STIRPAT 模型的天津市低碳发展驱动力影响分析》，《科技管理研究》2014 年第 34 卷第 15 期，第 66~71 页；黄蕊、王铮、丁冠群、龚洋冉、刘昌新：《基于 STIRPAT 模型的江苏省能源消费碳排放影响因素分析及趋势预测》，《地理研究》2016 年第 35 卷第 4 期，第 781~789 页。

③ 陈菡、陈文颖、何建坤：《实现碳排放达峰和空气质量达标的协同治理路径》，《中国人口·资源与环境》2020 年第 30 卷第 10 期，第 12~18 页。

氧化碳协同减排机制的构建思路，在管理体制统一的基础上，认为需在立法上推动协同减排，要衔接好《大气污染防治法》，制定“应对气候变化法”和“能源法”，并在规范建设、制度建设、体制和机制完善上提出了工作思考和建议。① 王雨彤就推动减污降碳协同工作的立法、执法、司法协同三方面提出了工作建议。②

（一）跨省份层面

专项行动计划特别是大气污染防治行动、清洁发展机制项目和“无废城市”建设有力地减少了污染物和温室气体排放。贾璐宇等通过梳理《大气污染防治行动计划》等政策措施，运用排放因子法对各个省份统一筛选并评估了11项（31个省区市共计341项）政策措施在不同部门、不同省份的CO_2减排效果，评价结果显示，产业结构调整与布局和锅炉改造治理两项措施的CO_2减排效果最为明显，工业部门和建筑部门对全国CO_2减排贡献度高达98%，河北、山东和天津是CO_2减排效果最好的3个省份。③ 王薇和邢智仓以2005~2018年内蒙古自治区12个盟市的五个项目，即新能源和可再生能源项目、节能和能效提高项目、甲烷回收利用项目、煤层气回收项目、N_2O分解消除项目为对象，评估了内蒙古清洁发展机制项目的协同减排效应，结果发现，内蒙古

① 田丹宇、常纪文：《大气污染物与二氧化碳协同减排制度机制的建构》，《法学杂志》2021年第42卷第4期，第101~107页。

② 王雨彤：《“双碳”背景下中国减污降碳协同治理的法治化路径》，《世界环境》2021年第4期，第88~89页。

③ 贾璐宇、王艳华、王克、邹骥：《大气污染防治措施二氧化碳协同减排效果评估》，《环境保护科学》2020年第46卷第6期，第19~26页。

CDM 项目对 SO_2、NO_x 和 $PM_{2.5}$的协同减排能力依次削弱。[①] 江媛等研究发现，当前我国固体废物和二氧化碳等温室气体的产生基本同根同源，能很好地推进固废与温室气体协同治理。[②]

对于减污降碳推进程度的评判为识别下一步工作重点提供了有力支撑。王涵等为了解全国各地区减污降碳与经济发展水平的关系，以大气污染物减排量、工业废气治理设施、CO_2排放量、CO_2排放强度、人均 GDP 以及三大产业增量为指标，构建了减污-降碳-经济综合评价指标体系。该研究采用灰色关联度法对各地区减污、降碳和经济指标进行了综合评价，发现减污指标综合得分呈西高东低、降碳指标呈北低南高、东南沿海经济指标要明显优于中西部及东北地区，北京、天津、上海、江苏、广东和海南减污-降碳-经济处于优质协调发展阶段。[③] 刘杰等从计量经济学的角度对城市减碳降霾的协同效应进行了深入讨论。首先采用脱钩弹性指数测算了各省会城市减碳降霾的协同趋势，发现大多数省会城市处于从高碳、高 $PM_{2.5}$排放模式向低碳、低 $PM_{2.5}$排放模式转型过程中，但低碳发展转型与 $PM_{2.5}$治理呈现不协调特征。他们对二者协同效应的定量评估发现，协同效应较高的城市分布在经济发展水平高、人口多的东部地区，协同效应较低的城市分布在经济发展水平相对较低、

---

① 王薇、邢智仓：《内蒙古清洁发展机制项目协同减排效应研究》，《前沿》2020 年第 4 期，第 96~102、124 页。

② 江媛、刘晓龙、崔磊磊、李彬、杜祥琬：《“无废城市”建设与温室气体减排协同推进策略研究》，《环境保护》2021 年第 49 卷第 7 期，第 52~56 页。

③ 王涵、李慧、王涵、王淑兰、张文杰：《我国减污降碳与地区经济发展水平差异研究》，《环境工程技术学报》2022 年第 12 卷第 5 期，第 1584~1592 页。

人口较少的西部地区。[①]

学者对于跨省份减污降碳研究的重点在京津冀和长三角地区。孙振清等以京津冀部分地区为对象，分析了区域碳减排和环境治理水平的空间相关性及其影响机制。[②] 冯冬以京津冀城市群13个城市为对象，发现该城市群的碳减排协同效应呈现先上升后下降的变动态势，整体协同水平仍存在着很大提升空间。[③] 高壮飞对长三角城市群碳排放与大气污染物协同治理效用进行了实证研究，并在治理机制、部门联动、政策理念和信息公开等方面提出了对策建议。[④]

（二）省份层面

城市层面的减污降碳协同效应评价早期来自李丽平等以攀枝花和湘潭市开展的协同减排研究。[⑤] 之后实现减污降碳成效的驱动因素分析是研究关注的焦点。邓红梅在投入产出模型中引入了环境强度矩阵，对中国温室气体减排产生的环境及相应的健康协同效应进行了评价。邓红梅分析发现，居民消费中涉及的卫生保健、居民服务和房地产，建筑、运

---

① 刘杰、刘紫薇、焦珊珊、王丽、唐智亿：《中国城市减碳降霾的协同效应分析》，《城市与环境研究》2019年第4期，第80~97页。

② 孙振清、李欢欢、刘保留：《空间外溢视角下的区域碳减排与环境协同治理——基于京津冀部分地区面板数据分析》，《调研世界》2020年第12期，第10~16页。

③ 冯冬：《京津冀城市群碳排放：效率、影响因素及协同减排效应》，博士学位论文，天津大学，2020。

④ 高壮飞：《长三角城市群碳排放与大气污染排放的协同治理研究》，博士学位论文，浙江工业大学，2019。

⑤ 李丽平、周国梅、季浩宇：《污染减排的协同效应评价研究——以攀枝花市为例》，《中国人口·资源与环境》2010年第20卷第S2期，第91~95页；李丽平、姜苹红、李雨青、廖勇、赵嘉：《湘潭市“十一五”总量减排措施对温室气体减排协同效应评价研究》，《环境与可持续发展》2012年第37卷第1期，第36~40页。

输设备和专用机械设备等方面的投资，以及电气机械/设备和电子设备的出口是协同驱动温室气体及各种污染物排放的重要最终使用环节。居民电力、热力的消费和通用机械设备投资是增加 CO_2、所有大气污染物和固体废弃物排放的重要最终使用环节。[①]

作为“蓝天保卫战”重点对象的京津冀大气污染传输通道“2+26”城市以及经济发达地区是城市层面研究的重点。谢元博和李巍以北京市为案例，以调控能源消费为政策研究对象，运用 LEAP 模型分析了北京市在不同能源消费约束情景下主要大气污染物和温室气体在“十一五”“十二五”期间的减排效果，并通过对比各用能部门的减排潜力指出，北京市应重点调控工业、交通和服务业部门的化石能源消费。[②] 李敏姣等对天津市“十三五”期间大气污染防治措施产生的 $PM_{2.5}$ 与 CO_2 协同减排效应进行了评估，发现工业锅炉改燃并网和钢铁企业退出措施在有效降低排放量的同时，展现出较好的协同效益。[③] 刘茂辉等采用减排量弹性系数法评估天津市 2015～2017 年减污降碳协同效应，并基于 STIRPAT 模型结合情景预测了天津市“十四五”期间及之后的减污降碳协同度变化趋势。他们的分析结果表明，若天津市“十五五”时期要保持较高水平的协同治理效果，需合理控制城镇化率、人口总数和加

---

① 邓红梅：《温室气体减排的协同效应建模与应用研究》，博士学位论文，北京理工大学，2018。

② 谢元博、李巍：《基于能源消费情景模拟的北京市主要大气污染物和温室气体协同减排研究》，《环境科学》2013 年第 34 卷第 5 期，第 2057～2064 页。

③ 李敏姣、李燃、李怀明、尹立峰、张雷波、王荫荫、郭洪鹏：《天津市“十三五”期间大气污染防治措施对 $PM_{2.5}$ 和 CO_2 的协同控制效益分析》，《环境污染与防治》2021 年第 43 卷第 12 期，第 1614～1619、1624 页。

快调整经济结构。① 邢有凯等以唐山市为案例，采用措施筛选、减排量核算、协同度评估三步法，对城市蓝天保卫战协同减排大气污染物与温室气体的效果进行了评价。② 方奕对上海市大气污染物与温室气体协同减排潜力进行了分析，结果表明，火电行业采用结构减排和工程减排的协同效果最明显，尽管工程减排会产生负协同效应，但其对大气污染物减排的显著效果远胜于其他手段。与其他工业化城市分析结果类似，方奕发现调整产业布局和移动源的治理同样显示出良好的协同减排潜力。③

不同于大多数研究对于减排量的估算，常树诚等结合空气质量模型以广东省在 2025 年 $PM_{2.5}$实现世界卫生组织第二阶段过渡目标为导向，模拟预测产业结构调整、车辆更新、发电结构调整、交通运输结构调整、工业用能结构调整以及工业排放末端治理等政策手段的大气污染物协同 CO_2减排情况，并建议优先考虑产业结构调整，再用车辆更新等协同减排度高、减排潜力较大的措施。④

工业园区能源、资源消费集中，是污染物和温室气体排放的重要物

① 刘茂辉、刘胜楠、李婧、孙猛、陈魁：《天津市减污降碳协同效应评估与预测》，《中国环境科学》2022 年第 42 卷第 8 期，第 3940~3949 页。

② 邢有凯、毛显强、冯相昭、高玉冰、何峰、余红、赵梦雪：《城市蓝天保卫战行动协同控制局地大气污染物和温室气体效果评估——以唐山市为例》，《中国环境管理》2020 年第 12 卷第 4 期，第 20~28 页。

③ 方奕：《上海市大气污染减排协同效应研究》，博士学位论文，上海交通大学，2020。

④ 常树诚、郑亦佳、曾武涛、廖程浩、罗银萍、王龙、张永波：《碳协同减排视角下广东省 $PM_{2.5}$实现 WHO－Ⅱ 目标策略研究》，《环境科学研究》2021 年第 34 卷第 9 期，第 2105~2112 页。

理空间，是落实减污降碳协同增效工作的重点对象。余广彬等结合国家双碳发展目标和工业园区污染物、温室气体排放形势，分析了工业园区减污降碳的价值，并就相关工作的开展提出了对策建议，主要包括开展污染物和温室气体排放数据共享和管理、加强基础设施建设等。①

我国在污染物协同温室气体减排方面做出了巨大努力，成效显著，在改善国内生态环境的同时，也能产生良好的外溢效应。王宁静和魏巍贤将研究视角放在国际层面，讨论了中国大气污染治理对世界减排的贡献。该研究采用多国动态可计算一般均衡模型（CGE），以要素变动、自发性能效改进和外生性能源技术进步为变量分析了其对中国长期经济增长、大气污染治理和温室气体减排的影响，以及对世界减排的溢出效应。模拟计算结果显示，在能效水平保持年均 2.6% 的提高水平时，中国能在不牺牲经济增长的情况下实现 2030 年碳达峰、2050 年强力减排的目标，同时将对贸易往来密切的欧美国家产生正溢出效应。②

综合区域层面的研究不难看出，当前重点区域减污降碳协同增效推进情况尽管有大幅提升，但仍有较大提升空间，重点专项行动在不同省份均取得了良好的协同减排效果。对下一步区域推进减污降碳协同工作的建议较多着重在工业领域、产业结构调整、交通、电力等具体产生排放的部门。

---

① 余广彬、张正芝、丁莹莹：《碳达峰和碳中和目标下工业园区减污降碳路径探析》，《低碳世界》2021 年第 11 卷第 6 期，第 68~69 页。

② 王宁静、魏巍贤：《中国大气污染治理绩效及其对世界减排的贡献》，《中国人口·资源与环境》2019 年第 29 卷第 9 期，第 22~29 页。

二　重点行业/领域协同评估

工业领域化石能源消费集中，是污染物和碳排放产生的重要领域。“十三五”时期工业消费了全国约65%的能源，① 2020年工业领域SO_2、NO_x和颗粒物排放量分别占全部排放量的79.6%、40.9%和65.6%。②特别是部分高耗能、高排放行业，如电力、钢铁、水泥等，是各级生态环境部门治理污染物排放的重中之重，针对工业重点行业的减污降碳研究大多也集中在这些行业。对于第三产业较发达城市，工业部门排放得到了有效控制，交通运输部门的协同治理成了更重要的关切。减污降碳协同增效研究的关注点也逐步深入到农业、废弃物处理领域的排放控制。研究已涉及社会生产生活的诸多方面。

（一）电力行业

电力作为我国煤炭消费最重要的工业领域，是我国二氧化碳和大气污染物主要排放源，其协同治理最早引起学界关注，研究人员从全国和特定区域电力行业协同减排方面进行了讨论。最早关于电力行业减污降碳协同的研究来自毛显强等2012年的文章，他们不仅讨论了电力行业硫、氮、碳协同减排潜力，绘制的电力行业减排边际成本曲线也有助于绘制减排路线图。③ 在此基础上，周颖等将污染物减排从大气污染物拓展至多环境要素污染物研究，针对火电机组碳排放、大气污染物、固废

---

① 国家统计局：《中国统计年鉴2021》，北京：中国统计出版社，2021。

② 国家统计局、生态环境部：《中国环境统计年鉴2021》，北京：中国统计出版社，2021。

③ 毛显强、邢有凯、胡涛、曾桉、刘胜强：《中国电力行业硫、氮、碳协同减排的环境经济路径分析》，《中国环境科学》2012年第32卷第4期，第748~756页。

和 COD 协同减排进行了分析，是较早探索温室气体与多污染协同减排的研究，并以 2007 年能源-环境-经济投入产出表为依据，得到能源环境完全消耗系数表，分析对比了采取提高可再生能源发电比重、淘汰小容量机组、发展清洁能源、发展热电联产、污染物末端治理等措施的协同减排潜力。① 傅京燕和原宗琳评估了电力行业 CO_2 与 SO_2 协同减排效应，并对协同减排活动产生扩张效应的主要路径进行了分析。测算结果表明，电力行业在众多省份存在协同减排效应，但区域异质性使得并非所有地区都适合探索协同减排路径，超过六成地区可通过协同减排在更大程度上挖掘电力行业 SO_2 的减排潜力（如天津、江苏、浙江等地）或者缓解 SO_2 排放压力（如云南、青海、江西等地），其余地区则需考虑更直接的 SO_2 减排手段。②

协同减排的发生可能存在阈值。谭琦璐在其博士学位论文中针对钢铁、电力和水泥三个行业共 146 项技术开发了自下而上的协同减排效益分析模型，并结合多目标分析和不确定情景分析评价了其效益大小。其研究特色之处在于以下发现，即并非任何水平的二氧化碳削减强度都具有协同减排大气污染物的效益，对部分污染物而言，碳减排约束需要跨过一定阈值才具有协同减排效益。③

技术经济性是谋划减污降碳路径过程中的约束条件。唐松林和刘世

① 周颖、刘兰翠、曹东：《二氧化碳和常规污染物协同减排研究》，《热力发电》2013 年第 42 卷第 9 期，第 63~65 页。

② 傅京燕、原宗琳：《中国电力行业协同减排的效应评价与扩张机制分析》，《中国工业经济》2017 年第 2 期，第 43~59 页。

③ 谭琦璐：《中国主要行业温室气体减排的共生效益分析》，博士学位论文，清华大学，2015。

粉从全社会成本的角度对陆上风电并网项目的协同效益进行了研究。他们以山东半岛典型的 1.5MW 并网陆上风电机组和 600MW 燃煤火电机组为例，采用全生命周期分析法，比较风电和火电在化石能源能耗、温室气体和污染物排放方面的差异，测算结果显示并网陆上风电的协同效益优于火电。①

在能源发展转型、建设能源基地大背景下，电力排放可能转移。惠婧璇对我国省级层面电力系统优化的碳减排协同健康收益进行的研究表明，气候政策将导致“煤电转移”，如内蒙古、陕西、新疆和吉林等地将需要生产更多煤电，易出现健康受损，而发达地区是因电力需求转移易出现健康受益的区域，如北京、山东、上海等华北、华东地区及广东、辽宁等地，并建议为健康受损地区建立区域利益补偿机制以促进区域协调发展。②

（二）钢铁行业

毛显强等最早对钢铁行业技术减排产生的硫、氮、碳协同减排效应进行了研究。为了多角度对比分析钢铁行业不同减排措施的协同效应，他们提出协同控制坐标系和污染物减排量交叉弹性量化协同控制成效，采用单位污染物减排成本分析手段将各潜力技术排序，为政策制定提供了有效参考。③ 在上述研究基础上，刘胜强等构造大气污染物协同减排

---

① 唐松林、刘世粉：《并网陆上风电协同效益分析》，《生态经济》2017 年第 33 卷第 7 期，第 75~77、102 页。

② 惠婧璇：《基于中国省级电力优化模型的低碳发展健康影响研究》，博士学位论文，清华大学，2018。

③ 毛显强、曾桉、刘胜强、胡涛、邢有凯：《钢铁行业技术减排措施硫、氮、碳协同控制效应评价研究》，《环境科学学报》2012 年第 32 卷第 5 期，第 1253~1260 页。

当量指标 AP_{eq}，用以评价某项技术措施对 SO_2、NO_X和 CO_2的综合减排效果，并进行了讨论。刘胜强等发现，仅靠前端和过程控制措施，NO_X减排目标能够实现，而 SO_2、CO_2和 AP_{eq}减排目标则难以实现，尚须实施部分成本较高的末端控制措施，或借助结构调整和规模控制手段。①

实现减污降碳协同增效，推进节能技术升级改造是最关键的路径。而在多达数十种可选技术情况下，如何确定较优的技术路径选项是重点。为此，研究人员在不同维度上进行了深入分析。马丁和陈文颖选取钢铁行业的 22 项节能减排措施，从全行业的角度评估了各项措施的减排潜力、减排成本和协同收益。对比分析结果表明，在仅考虑节能收益的情况下，有 10 项措施经济性较好；若考虑节能收益和协同减排收益，则有 14 项措施经济可行。他们建议在设计减排政策时需综合考虑各项减排技术的成本效益。② 高玉冰等以全国钢铁行业为研究对象，采用协同控制坐标系、协同控制交叉弹性系数、边际减排曲线等对 6 类 28 项节能减排技术的局地大气污染物与温室气体协同控制效应进行了量化评估。③ 李新等对京津冀地区钢铁行业协同减排潜力进行了成本效益分析，共筛选了前端控制和过程控制共计 11 项技术，以环境税和人群健康作为两类效益指向。测算结果显示，根据人群健康效益评价方法计算的减排效益高于根据环境税效益评价方法计算的结果，表明污染减排的

---

① 刘胜强、毛显强、胡涛、曾桉、邢有凯、田春秀、李丽平：《中国钢铁行业大气污染与温室气体协同控制路径研究》，《环境科学与技术》2012 年第 35 卷第 7 期，第 168~174 页。

② 马丁、陈文颖：《中国钢铁行业技术减排的协同效益分析》，《中国环境科学》2015 年第 35 卷第 1 期，第 298~303 页。

③ 高玉冰、邢有凯、何峰、蒯鹏、毛显强：《中国钢铁行业节能减排措施的协同控制效应评估研究》，《气候变化研究进展》2021 年第 17 卷第 4 期，第 388~399 页。

潜在人群健康效益更高。他们还结合不同减排情景的对比分析，得出了京津冀地区钢铁行业排放治理应以规模-末端治理为主要途径的结论。①

钢铁产业在我国北方地区较为聚集，除大气污染物和温室气体受到关注外，水资源的消耗也是当地社会经济发展的重要考核指标，钢铁企业作为耗水大户，其碳-污染物-水耦合体系引起了研究人员的关注。任明对京津冀地区钢铁行业二氧化碳、大气污染物和水资源消费协同控制开展了优化研究。为对比不同钢铁生产结构在资源消耗和排放上的差异，他采用全生命周期评价方法测算长流程和电弧炉短流程工艺单位粗钢产量的能耗、大气污染物和水资源消耗量，再测算各项技术的成本效益值，并结合动态综合优化模型进行政策决策。② 在技术的成本效益评估过程中加入技术的环境效益不仅会影响技术的成本有效性，还会改变技术的优先顺序。因此，在钢铁行业技术的成本-效益评估过程中，充分考虑技术的环境效益是非常必要的，这有助于选择出使整个社会效益实现最大化的技术组合。

（三）水泥行业

水泥行业是我国工业中重点能耗和排放行业。2017 年，我国水泥行业 CO_2年排放量约为 12 亿吨，其中直接排放为 10.8 亿吨；氮氧化物（NO_x）年排放量约为 128 万吨、SO_2年排放量约为 17 万吨、颗粒物（PM）年排放量为 35 万吨。③ 其污染物与温室气体协同减排潜力较大。

---

① 李新、路路、穆献中、秦昌波：《京津冀地区钢铁行业协同减排成本-效益分析》，《环境科学研究》2020 年第 33 卷第 9 期，第 2226~2234 页。

② 任明：《京津冀地区钢铁行业能源、大气污染物和水协同控制研究》，博士学位论文，中国矿业大学（北京），2019。

③ 何峰、刘峥延、邢有凯、高玉冰、毛显强：《中国水泥行业节能减排措施的协同控制效应评估研究》，《气候变化研究进展》2021 年第 17 卷第 4 期，第 400~409 页。

周颖等利用 2007 年能源环境经济投入产出模型研究了水泥行业多环境要素污染物与 CO_2之间的协同减排方式及成效。测算结果表明，采用替代燃料可以大量协同减排 SO_2 和 CO_2，采用替代原料可以大量协同减排工业固体废物和 CO_2。[①] 何峰等针对全国水泥行业节能减排措施的协同控制效果开展了研究，其首先采用 CGE 模型对全国水泥市场需求进行预测，再预测经筛选出的 24 项节能减排措施在不同年份的占比情况，最后采用协同控制坐标、协同控制交叉弹性分析、边际减排成本曲线等进行协同减排分析。测算结果表明，结构减排方式潜力最好，能效提升与节能措施最具单位综合减排成本优势，但其综合减排潜力有限。[②] 田璐璐等对河南省水泥行业的节能潜力及其协同减排效果进行了探讨。[③] 也有研究对水泥行业单项节能技术进行了协同效应分析，如以水泥厂余热发电项目为对象进行的研究。[④]

（四）交通行业

交通行业的温室气体协同大气污染物减排研究早在 2012 年就引起

---

① 周颖、张宏伟、蔡博峰、何捷：《水泥行业常规污染物和二氧化碳协同减排研究》，《环境科学与技术》2013 年第 36 卷第 12 期，第 164~168 页。

② 何峰、刘峥延、邢有凯、高玉冰、毛显强：《中国水泥行业节能减排措施的协同控制效应评估研究》，《气候变化研究进展》2021 年第 17 卷第 4 期，第 400~409 页。

③ 田璐璐、王姗姗、王克、岳辉、王逸欣、刘磊、张瑞芹：《河南省水泥行业节能潜力及协同减排效果分析》，《硅酸盐通报》2016 年第 35 卷第 12 期，第 3915~3924、3947 页。

④ 王同桂、吴莉萍、张灿、陈军：《碳减排项目协同效益评价体系构建研究——以重庆市某水泥厂余热发电项目为例》，《环境影响评价》2019 年第 41 卷第 6 期，第 86~90 页。

了相关学者注意。[①] 全国尺度研究方面，冯相昭等运用 LEAP 模型中对我国道路、铁路、水运、航空和管道运输等各子部门的能源需求、污染物及碳排放趋势进行了预测，并测算了程度各异的几类综合减排情景下的协同减排效应。[②] 邢有凯等通过构建"CGE-CIMS 联合模型"对环境税、碳税、成品油消费税等环境经济政策对全国交通行业的局地大气污染物和二氧化碳协同控制效应进行了量化评估。[③]

重点区域和经济发达城市是交通领域减污降碳研究重点。谭琦璐和杨宏伟以京津冀道路和轨道交通为研究对象，采用协同率作为量化指标，对比分析了 6 项关键政策措施在不同发展情景下的协同减排效应。测算结果显示，实施严格的机动车排放控制对排放量削减的影响最大，发展城际高速或市郊铁路、加强公路路网建设的协同效应最大。此外，该文中计算结果显示，发展城市轨道交通不削减排放量，协同效应最小，但能有效提高城市交通运输效率，间接助力道路交通减污降碳。[④] 徐双双尝试以协整理论为基础构建京津冀道路交通成品油消费复杂网络模型，用以解释京津冀交通协同减排的内在机理，并在此基础上建立了京津冀道路交通碳排放系统动力学模型，对京津冀协同实施电动汽车政

---

① 肖劲松、杨聪：《大气污染物和温室气体排放协同控制在交通行业的实践》，《绿叶》2012 年第 6 期，第 111~118 页。

② 冯相昭、赵梦雪、王敏、杜晓林、田春秀、高霁：《中国交通部门污染物与温室气体协同控制模拟研究》，《气候变化研究进展》2021 年第 17 卷第 3 期，第 279~288 页。

③ 邢有凯、刘峥延、毛显强、高玉冰、何峰、余红：《中国交通行业实施环境经济政策的协同控制效应研究》，《气候变化研究进展》2021 年第 17 卷第 4 期，第 379~387 页。

④ 谭琦璐、杨宏伟：《京津冀交通控制温室气体和污染物的协同效应分析》，《中国能源》2017 年第 39 卷第 4 期，第 25~31 页。

策和车辆能效改进政策的减排效果进行了模拟分析。实证数据分析表明，在推行电动汽车基础上加速发电结构的低碳化转型能更好地发挥电动汽车政策的优势。① 王碧云等以广东省非珠三角城市机动车尾气控制措施的协同效应为对象，通过设计不同发展情景评价各措施协同减排潜力和成本效益，测算结果显示，提高排放标准在研究中是最优的污染物减排措施，其费效比较低且协同控制效果好。② 许光清等以城市道路车辆的协同减排为对象，采用污染物排放弹性系数评价各控制措施的协同效应，辅以单位减排当量成本评价控制措施的减排效率。还以北京市促进黄标车淘汰和深圳市推广新能源汽车为案例进行了对比分析。③ 李云燕和宋伊迪以碳中和为目标，在 LEAP 模型中通过设置不同政策组合情景，分析了北京市道路移动源大气污染物协同碳减排的前景。④ 广州交通领域协同减排的技术路径较北京、上海等城市大有不同，黄莹等的情景分析测算结果表明，实现大幅度减排和良好协同减排效应在于发展水路货运、高速铁路以及公共交通等运输结构低碳化类措施。另外，提升天然气消费会增加 CO 和 HC 排放，不具有协同控制效应，需要配合使用大气污染物末端脱除装置。⑤ 庞可等基于 LEAP 模型对兰州市中长期

① 徐双双：《京津冀道路交通协同减排机理分析及政策模拟》，硕士学位论文，中国石油大学（北京），2019。

② 王碧云、刘永红、廖文苑、李丽、丁卉、陈进财：《非珠三角机动车尾气控制措施协同效果评估》，《环境科学与技术》2019 年第 42 卷第 6 期，第 176~183 页。

③ 许光清、温敏露、冯相昭、郭沛阳：《城市道路车辆排放控制的协同效应评价》，《北京社会科学》2014 年第 7 期，第 82~90 页。

④ 李云燕、宋伊迪：《碳中和目标下的北京城市道路移动源 CO_2 和大气污染物协同减排效应研究》，《中国环境管理》2021 年第 13 卷第 3 期，第 113~120 页。

⑤ 黄莹、焦建东、郭洪旭、廖翠萍、赵黛青：《交通领域二氧化碳和污染物协同控制效应研究》，《环境科学与技术》2021 年第 44 卷第 7 期，第 20~29 页。

交通运输减污降碳潜力进行的研究表明，需将公共交通能源清洁化、小型客车电动化和老旧车淘汰等结构优化措施作为重点并优先实施。[①] 昆明市交通领域减污降碳政策措施的潜力研究结果与天津市和兰州市的研究结果较为接近。[②] 张昊楠在其博士学位论文中针对天津市机动车排放治理的措施分别就单一减排效应和协同减排效应进行了研究分析。在方法论上有所创新，其采用基于机器学习的面板数据的反事实分析方法，研究了机动车排放标准提升对于机动车污染物的减排效应，测算结果显示，国Ⅴ标准的实施有助于降低大气中的一氧化碳（CO）和二氧化氮（NO_2）的浓度，但对细颗粒物（$PM_{2.5}$）和可吸入颗粒物（PM_{10}）等污染物的治理效果不明显，需配合其他规制措施来提升空气质量。另外，他发现提升车辆燃油经济性的减排成效会随着老旧汽车的逐步淘汰而增强。[③]

推动新能源汽车普及是我国打造低碳交通运输体系，降低城市交通污染物和温室气体排放的重要举措。阿迪拉·阿力木江等对上海市推广新能源汽车的碳协同、大气污染物协同减排效果进行了评估。通过对上海市2016年纯电动和插电式混合动力的私家车、出租车和公交车燃油消费，以及电力消费引起的碳排放和大气污染物排放进行测算，结果显示，纯电动公交车具有最佳协同减排效益，而插电式混合动力公交车不

① 庞可、张芊、马彩云、祝禄祺、陈恒蕤、孔祥如、潘峰、杨宏：《基于LEAP模型的兰州市道路交通温室气体与污染物协同减排情景模拟》，《环境科学》2022年第43卷第7期，第3386~3395页。

② 邱凯、耿宇、唐翀、曹晓静、潘涛：《昆明市交通领域减污降碳措施协同性研究》，《城市交通》2022年第20卷第3期，第83~89页。

③ 张昊楠：《机动车排放管控对空气污染物和温室气体的协同治理效应研究》，博士学位论文，天津财经大学，2020。

具备协同效益。①

港口码头货物运输作为我国经济发展的重要一环，厂内运输工具燃油消耗量大、品质偏低、污染物和温室气体排放量大，是推动交通运输低碳转型升级的重点环节。朱利和秦翠红以集装箱码头为研究对象，对比了港口利用太阳能、风能、地热能、液化天然气（LNG）、电力等清洁能源替代燃油后的 SO_2 和 CO_2 协同减排效果，LNG 和岸电的应用有较高程度的协同减排效应。②

（五）废弃物处理

废弃物处理是编制温室气体清单涵盖的五大领域之一，其处理工艺一方面会影响氧化亚氮和甲烷排放，另一方面直接关系到处理完后污染物的排放量，是科学推进减污降碳工作的重点。李薇等在 2014 年较早开始关注城市污水处理厂 COD 减排与 CO_2 排放量之间的关系。他们以城市污水系统运行费用最小化为目标进行整体规划，计算结果表明，COD 排放标准越高，COD 去除率增大，但 CO_2 排放量呈现负向协同。③赵敏等就上海市污水处理中氨氮、总磷、氧化亚氮和甲烷协同减排进行了深入研究，首先通过调研获得实际运行过程中的温室气体排放因子，再结合污水处理厂升级改造，重点研究了脱氮、除磷标准提升以及污泥

① 阿迪拉·阿力木江、蒋平、董虹佳、胡彪：《推广新能源汽车碳减排和大气污染控制的协同效益研究——以上海市为例》，《环境科学学报》2020 年第 40 卷第 5 期，第 1873~1883 页。

② 朱利、秦翠红：《基于清洁能源替代的港口 SO_2 和 CO_2 协同减排研究》，《中国水运（下半月）》2018 年第 18 卷第 10 期，第 136~137 页。

③ 李薇、汤烨、徐毅、解玉磊、贾杰林：《城市污水处理行业污染物减排与 CO_2 协同控制研究》，《中国环境科学》2014 年第 34 卷第 3 期，第 681~687 页。

深度处理对甲烷和氧化亚氮产生的影响。①

付加锋等在 2021 年发表在《环境科学研究》上的文章深入解释了污水处理厂污染物去除与温室气体排放之间存在的关联机制，即厌氧环境去除 COD_{cr} 化学耗氧量会产生 CH_4，污泥厌氧消化过程也可产生大量 CH_4，硝化和反硝化过程中去除 TN（三硝基甲苯）会产生 N_2O。在这一研究中，他们详细介绍了城镇污水处理厂污染物协同温室气体减排核算方法和流程。案例污水处理厂污染物去除并没有协同减少温室气体排放量，单位 TN 去除量产生的温室气体量最大，其次为污泥处理过程。从温室气体排放组成来看，案例污水处理厂温室气体主要来自电力消费产生的间接二氧化碳排放。②

畜禽废弃物堆肥过程中氨气与温室气体排放也是农业领域落实减污降碳工作的重要方面。卜楚洁等以湖北省为例探讨了先进管理技术对粪便管理温室气体排放因子的影响，重点研究了猪粪能源化及肥料化等管理技术的发展趋势和前景，结合情景设置分析了未来猪粪管理规模效应与技术进步带来的减排潜力。③ 曹玉博等分析了畜禽废弃物堆肥过程中氨气和温室气体的产排机制和协同关系，建议应在加强调节物料性质和优化供气策略的基础上，通过使用物理、化学和生物添加剂来实现堆肥

① 赵敏、胡静、戴洁、李立峰、朱环、蒋文燕、胡冬雯、周晟吕、裘季冰、王婧、胡宁：《上海市污水处理对温室气体排放的影响与协同减排研究》，上海市环境科学研究院，2016 年。

② 付加锋、冯相昭、高庆先、马占云、刘倩、李迎新、吕连宏：《城镇污水处理厂污染物去除协同控制温室气体核算方法与案例研究》，《环境科学研究》2021 年第 34 卷第 9 期，第 2086～2093 页。

③ 卜楚洁、秦军、王灿：《基于情景分析的猪粪管理温室气体减排效应研究》，《贵州大学学报》（自然科学版）2020 年第 37 卷第 1 期，第 112～118 页。

过程中氨气和温室气体的协同减排。①

三　协同政策规划

在减污降碳协同控制政策规划研究中，大多数研究都是基于对各项措施的减排潜力或协同度的测算，有研究人员更进一步对谋划实施政策组合进行了探索。

协同效应评估方法除应用于不同区域、领域的政策实施效果、减排潜力外，也可结合各项措施手段的成本效应进行规划，以最小的成本获得最大化收益。通过测算各减排措施的减排潜力以及单位减排量成本或收益，按成本从小到大可将各减排措施排序，可以绘制污染物边际减排成本曲线（MAC）。毛显强等提出依据 MAC 曲线可以很方便地考虑如何在实现一定减排量目标的同时实现成本最小化，或在一定的成本约束下实现减排量最大化，且均可转化为线性规划方法，② 即：

$$\text{Min} \quad TC = \sum_{i=1}^{N} A_i C_i \tag{3-13}$$

$$\text{s.t.} \quad A_i \leqslant (A_i)_{\max} \quad i = 1, \ldots, N \tag{3-14}$$

$$A_i \geqslant 0 \quad i = 1, \ldots, N \tag{3-15}$$

$$\sum_{i=1}^{N} A_i R_{i,j} \geqslant TR_j \quad j = 1, \ldots, J_{\max} \tag{3-16}$$

---

① 曹玉博、张陆、王选、马林：《畜禽废弃物堆肥氨气与温室气体协同减排研究》，《农业环境科学学报》2020 年第 39 卷第 4 期，第 923～932 页。

② 毛显强、邢有凯、高玉冰、何峰、曾桉、蒯鹏、胡涛等：《温室气体与大气污染物协同控制效应评估与规划》，《中国环境科学》2021 年第 41 卷第 7 期，第 3390～3398 页。

$$\sum_{i=1}^{N} A_i R_{i,k} \geqslant TR_k \qquad k = 1, ..., K_{max} \qquad (3-17)$$

在上文的公式中，TC 为总减排成本；A_i 为措施 i 的活动水平（决策变量）；C_i 为措施 i 的单位污染物减排成本；$(A_i)_{max}$ 为措施 i 的最大活动水平；N 为措施个数；$R_{i,j}$ 为措施 i 对第 j 种局地大气污染物的减排系数；TR_j 为第 j 种局地大气污染物的总量减排目标；J_{max} 为目标局地大气污染物个数；$R_{i,k}$ 为措施 i 对第 k 种温室气体的减排系数；TR_k 为第 k 种温室气体的总量减排目标；K_{max} 为目标温室气体个数。

四　其他应用研究

碳排放权交易市场自 2013 年启动试点工作以来，尽管仍处于起步发展阶段，但已积累了较多的管理经验，为全国碳市场扩容奠定了扎实基础，是我国实现碳达峰碳中和目标的重要市场化手段。近年来，其在试点省份产生的减污降碳协同效应引起了关注，双重差分模型常被用于验证试点区域产生的协同效果，① 同时区域异质化的效果和传导机制也有进一步讨论。②

碳市场试点工作对减污降碳的促进作用备受关注。叶芳羽等以 255 个地级及以上城市 2004～2018 年面板数据为基础，采用双重差分法评

① 曾诗鸿、李璠、翁智雄、钟震：《我国碳交易试点政策的减排效应及地区差异》，《中国环境科学》2022 年第 42 卷第 4 期，第 1922～1933 页；赵立祥、赵蓉、张雪薇：《碳交易政策对我国大气污染的协同减排有效性研究》，《产经评论》2020 年第 11 卷第 3 期，第 148～160 页。

② 张国兴、樊萌萌、马睿琨、林伟纯：《碳交易政策的协同减排效应》，《中国人口·资源与环境》2022 年第 32 卷第 3 期，第 1～10 页。

估了碳排放交易政策的减污降碳效应，结果表明，协同效应明显，碳排放交易政策通过促进绿色技术创新和污染产业转移实现了污染减排，同时协同效应在工业化程度高的城市更为显著。① 刘映萍采用双重差分法分析了自碳排放权交易市场成立运行以来，碳排放权交易政策对其他污染物的协同减排作用。在该研究中，以开展碳交易试点的地区作为实验组，以周边相邻城市作为对照组，选取空气质量指数 AQI 和六种常规污染物作为核心变量，计算协同减排系数，以此来对比各碳排放权交易市场试点的协同效应。仅从数据层面来看，广东省通过有偿配额方式较好地实现了一、二级市场联动。协同减排效应不仅与碳排放权交易市场运行紧密联系，在“到期日”协同效应常出现明显变化，在各城市协同效应差异较大。②

在产业升级过程中的投资选择也在一定程度上助力了减污降碳。白梓函等结合理论分析和逻辑推导讨论了国家对外直接投资的减污降碳效应及其实现机制，并结合省级面板数据量化分析了产业结构高级化、技术创新进步和经济规模扩张对环境负荷的降低成效。③

第四节　小结

近二十年来，中国学者在减污降碳协同增效领域开展了深入的研

① 叶芳羽、单汨源、李勇、张青：《碳排放权交易政策的减污降碳协同效应评估》，《湖南大学学报》（社会科学版）2022 年第 36 卷第 2 期，第 43~50 页。

② 刘映萍：《中国碳交易机制的多污染物协同减排效应分析》，硕士学位论文，暨南大学，2019。

③ 白梓函、吕连宏、赵明轩、张楠、罗宏：《中国对外直接投资的减污降碳效应及其实现机制》，《环境科学》2022 年第 43 卷第 10 期，第 4408~4418 页。

究，涉及重点城市、区域和国家等不同层次主体，以及电力、钢铁、水泥、交通等重点领域，就相关减排技术、重点专项行动、减排政策等进行了广泛研究，并提出了相关核算、评估和规划方法，为深入推动减污降碳协同增效奠定了良好基础。2022 年 6 月，生态环境部等 7 部门联合印发《减污降碳协同增效实施方案》，提出到 2025 年，重点区域和重点领域结构优化调整和绿色低碳发展取得明显成效，减污降碳协同度有效提升；到 2030 年，减污降碳协同能力显著提升，大气污染防治重点区域碳达峰与空气质量提升协同推进取得显著成效，水、土壤、固体废物等污染防治领域协同治理水平显著提高；明确了源头防控、重点领域、环境治理和模式创新方面的重点任务，也为进一步开展减污降碳协同增效研究指明了方向，可总结为以下几点。

（1）减污降碳协同增效被视为推动经济社会发展全面绿色转型的总抓手，如何体现出“总抓手”这个定位，现有体制、机制如何革新，如何与其他规划、管理工作有效衔接需要进行深入研究探讨。

（2）当前减污降碳协同评价工作多集中在减排技术和政策产生的污染物和温室气体减排量微观技术层面，无法全面有效反映政府主体或行业企业主体在一段时间内减污降碳工作开展的成效。需要从中观、宏观的维度提出减污降碳协同度以更好地评价、引导不同层级政府主体推动减污降碳协同增效。

（3）大气污染物治理与二氧化碳减排协同领域有较为深入的研究讨论，但水、土壤、固体废物等多环境要素与温室气体的协同减排等方面的研究积累较为薄弱。

（4）当前研究工作对减污降碳协同的讨论较为充分，但对于增效则缺乏明确指向与界定。有研究采用成本收益计算方法量化大气污染物和温室气体减排带来的货币化收益，或进一步考虑环境改善后的社会健康收益，但在讨论工业、交通运输、农业和生态建设等领域协同增效问题时，需要针对各重点领域的特征进一步明晰提升“效”的具体内涵与表征。

（5）针对方案中提出的重点区域、城市、产业园区和企业协同创新模式，是引导将减污降碳协同增效落脚到政策规划和执行的重要指向，在实证研究中将更加需要准确识别研究主体的协同增效发展特征。

第四章　典型城市减污降碳协同控制潜力评价

——以渭南市为例*

当前，在扎实推进碳达峰、碳中和的重大战略决策过程中，我国生态环境保护工作同时面临着国内环境质量改善、全球气候变化应对等多重任务的严峻挑战，我国大气污染重点区域的绝大多数城市均面临着减污和降碳的双重压力，渭南市也不例外。以 2015 年不变价格计算，渭南市 GDP 总量由 2011 年的 930.35 亿元增至 2018 年的 1783.56 亿元，年均增长 10.4%；同期全市常住人口从 2011 年的 530.49 万人增长到 2018 年的 532.77 万人，城镇化率由 31.6%提高至 48.5%；产业结构持

---

* 本章内容曾以《典型城市减污降碳协同控制潜力评价研究：以渭南市为例》发表于《环境科学研究》2022 年第 35 卷第 8 期，收入本书时有修改。

续优化，以工业为主的第二产业比重持续下降，以服务业为主的第三产业发展提速，三次产业结构比由 2011 年的 15.6：53.0：31.4 调整为 2018 年的 16.8：42.0：41.2。[①]

渭南市地处汾渭平原，化石燃料在能源结构中占主导，渭南市能源消费以煤炭和石油为主。能源消费持续增加加剧了渭南市大气污染防治的严峻形势。2018 年，渭南市能源消费总量达 1519.6 万吨标煤。其中，煤炭消费量为 1286.9 万吨标煤，占比为 84.7%；石油消费量为 166.1 万吨标煤，占比为 10.9%；天然气占比仅为 4.0%。第二产业是渭南市能源消费的主要贡献者。以 2018 年为例，第二产业能源消费量为 995.68 万吨标煤，占全市能源消费总量的 65.5%。

经测算，渭南市移动源能源消费量约占全社会能源消费总量的 9.9%。[②] 其中，客运交通和货运交通能源消费量占比分别为 55.4%和 44.6%。另外，从移动源能源消费品种来看，汽油消费占比为 50.6%，柴油消费占比为 44.0%，较为清洁的天然气燃料仅占 1.3%。经济发展是能源消费需求持续攀升的主要驱动力，进入“十三五”时期，经济增速有所放缓，经济增长因素的驱动作用有所减弱。渭南市的大气污染防治一直以来面临严峻挑战，特别是 $PM_{2.5}$、PM_{10}和 NO_x 等主要污染物减排压力较大。近年来，虽然渭南市通过积极推进大气污染治理工作，$PM_{2.5}$浓度有所下降，但空气质量改善成果还不稳固。在碳达峰、碳中

---

① 本章未标记来源的数据来源于历年《渭南市统计年鉴》。

② 移动源能源消费数据主要来源于渭南市《统计年鉴》和生态环境部机动车排污监控中心 2018 年机动车数据。

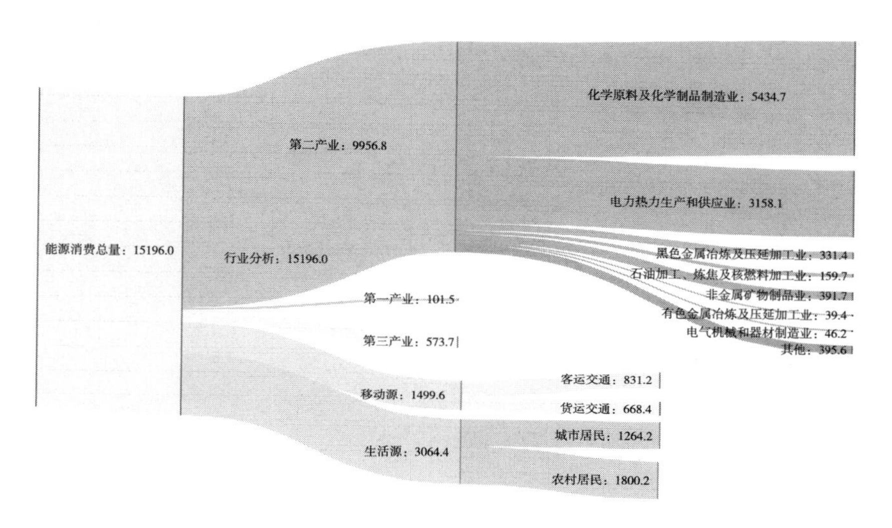

图 4-1　2018 年渭南市分部门能源消费组成

说明：单位为千吨标煤。

资料来源：2019 年《渭南市统计年鉴》。

和的宏观形势下，渭南市作为资源型城市，低碳发展转型的需求也愈加迫切。[①] 所以，在渭南开展减污降碳协同控制研究对于其实现大气环境质量达标与低碳转型发展具有重要的现实意义。

基于此，本章内容以分析渭南市社会经济发展现状及能源供需结构特征为出发点，采用相关分解方法评价能源消费与经济增长的关系，识别影响城市能源消费与碳排放、污染物排放增加的主要驱动因素，运用能源技术模型构建多种情景模拟分析污染物减排、能源结构优化及产业

---

① 《渭南能源工业发展现状分析》，http：//www.weinan.gov.cn/gk/tjxx/rdtjxx/726205.htm，最后访问日期：2023 年 2 月 22 日。

结构调整等政策对渭南市大气污染物与CO_2排放趋势的影响，旨在探讨渭南市减污降碳协同控制潜力，探索碳达峰路径，提出促进渭南市绿色低碳协同发展的对策建议。

第一节　研究方法及数据来源

一　LMDI 分解

一个国家或地区的能源消费可根据 KAYA 公式进行分解，计算公式：

$$E = \sum_i P \times \frac{GDP}{P} \times \frac{GDP_i}{GDP} \times \frac{E_i}{GDP_i} \qquad (4-1)$$

式中，E 为能源消费量，按标准煤计，单位为万吨；P 为人口数量，单位为人；GDP 表示地区生产总值，单位为元；$\frac{GDP}{P}$ 表示人均收入水平；i 表示三次产业，即第一产业、第二产业和第三产业，$i=1$，2，3；$\frac{GDP_i}{GDP}$ 表示 i 产业在 GDP 中的占比；$\frac{E_i}{GDP_i}$ 表示 i 产业万元增加值的能源消费强度。

能源消费变化（ΔE）可以用报告期能源消费量减去基期能源消费量得到，计算公式：

$$\Delta E = E^t - E^0 \qquad (4-2)$$

式中，E^t 和 E^0 分别为第 t 期和基期的能源消费量，按标准煤计，单位为 10^4吨。

对式 4-2 进行 LMDI 加法分解：

$$\Delta E = E^t - E^0 = \Delta E_P + \Delta E_{GP} + \Delta E_S + \Delta E_{EI} \tag{4-3}$$

$$\Delta E_P = \sum_{ij} \frac{E_{i,j}^t - E_{i,j}^0}{\ln E_{i,j}^t - \ln E_{i,j}^0} \ln(\frac{P^t}{P^0}) \tag{4-4}$$

$$\Delta E_{GP} = \sum_{ij} \frac{E_{i,j}^t - E_{i,j}^0}{\ln E_{i,j}^t - \ln E_{i,j}^0} \ln(\frac{GP^t}{GP^0}) \tag{4-5}$$

$$\Delta E_S = \sum_{ij} \frac{E_{i,j}^t - E_{i,j}^0}{\ln E_{i,j}^t - \ln E_{i,j}^0} \ln(\frac{S_i^t}{S_i^0}) \tag{4-6}$$

$$\Delta E_{EI} = \sum_{ij} \frac{E_{i,j}^t - E_{i,j}^0}{\ln E_{i,j}^t - \ln E_{i,j}^0} \ln(\frac{EI_i^t}{EI_i^0}) \tag{4-7}$$

式中，ΔE_P 为人口效应，ΔE_{GP} 为经济增长效应，ΔE_S 为产业结构效应，ΔE_{EI} 为能源强度效应；j 为能源类型，如煤炭、石油、天然气和电力等，j=1，2，3，4，5。

该研究数据主要来源于 2010~2019 年《渭南统计年鉴》、大气污染物排放清单以及对地方管理部门的实地调研等。

二　LEAP 模型

该研究根据 2018 年可获取分品种能源统计数据的客观实际，以 2018 年为基年，结合渭南市大气环境质量改善目标和碳达峰要求，以降碳为重点战略方向，基于社会经济发展趋势判断和终端用能部门需求预测，综合考虑污染减排、能源结构优化、产业结构调整、运输结构变化等政策措施和技术选项，构建基准（BAU）情景、污染减排（APC）情景、能源结构优化（ESI）情景和绿色低碳发展（GLC）情景，分析渭南市2019~2035年在不同情景下能源消费水平、主要污染物排放以及CO_2协同减排情况。

BAU情景下，假设没有新的污染减排政策措施出台，能源结构与能效水平保持在基年水平。APC情景下，不同行业采取淘汰落后产能、污染物排放标准升级等措施加强环境治理。ESI情景下，主要考虑的政策措施包括：固定源方面万元增加值能耗强度下降目标约束、能源消费结构优化以及清洁供暖等，移动源方面主要分析老旧汽车替代、新能源汽车推广、替代燃料（液化天然气和氢燃料）发展、燃油经济性标准升级等，生活源方面主要考虑用能结构改变和能效提高等措施，电力生产方面则主要考虑风电、光伏、水电等可再生能源发展政策等。GLC情景旨在推动绿色低碳协同发展，所以综合考虑了APC情景和ESI情景的设置，同时兼顾了产业结构调整措施。具体设置如表4-1所示。

表4-1 情景设置

项目	APC情景	ESI情景	GLC情景
第一产业	排放标准不断升级，通过加载末端治理工艺，到2035年SO_2、NO_x、$PM_{2.5}$等排放系数下降20%，VOCs排放系数下降10%	能效提升：到2035年万元增加值能耗下降13% 结构优化：2030年和2035年油品消费占比分别为60.1%和58.0%，电力消费占比分别为38.5%和4.0%	污染控制：与APC情景设置相同； 能效提升：到2035年万元增加值能耗下降17%； 结构优化：与ESI情景设置相同

续表

项目	APC 情景	ESI 情景	GLC 情景
第二产业	不同行业污染物排放标准升级；设定时限淘汰落后燃煤锅炉和低效窑炉，新增先进技术窑炉	能效提升：到 2035 年万元增加值能耗下降 31%；结构优化：2030 年和 2035 年第二产业煤炭消费占比分别为 77.8% 和 76.6%，天然气消费占比分别为 5.1%和 5.9%，电力消费占比分别为 4.2%和 4.8%	污染控制：排放标准不断升级，与 APC 情景设置相同；能效提升：到 2035 年万元增加值能耗下降 45%；能源结构优化：2018～2035 年，煤炭消费占比从 81%降至 78%，电力消费占比从 2.6%提升至 4.5%，天然气消费占比从 2.9%提升至 5.6%；产业结构调整：战略新兴产业发展提速，高耗能行业占第二产业增加值比例下降
第三产业	工程减排：通过末端治理技术，到 2035 年 SO_2、NO_x、$PM_{2.5}$等排放系数下降 20%，VOCs 排放系数下降 10%	能效提升：到 2035 年万元增加值能耗下降 13% 结构优化：2030 年和 2035 年煤炭消费占比分别为 12.2%和 9.7%，油品消费占比分别为 4.7%和 3.8%，天然气消费占比分别为 3.8%和 5.0%，电力消费占比分别为 21.0%和 22.0%	污染控制：与 APC 情景设置相同；能效提升：到 2035 年万元增加值能耗下降 20%；能源结构优化：与 ESI 情景设置相同
生活源	工程减排：通过末端治理技术，城镇供暖燃煤锅炉到 2035 年 SO_2、NO_x、$PM_{2.5}$排放系数下降 20%，VOCs 排放系数下降 10%	能源结构优化：2018～2035 年城乡生活用能中煤炭消费占比从 49%降至 4%，电力消费占比从 26%提升至 45%，天然气消费占比从 9%提升至 22%	能源结构优化：2018～2035 年城乡生活用能中煤炭消费占比从 49%降至 2%，电力消费占比从 26%提升至 45%，天然气消费占比从 9%提升到 23%
		清洁取暖：2025 年城镇清洁供暖率为 90%，2030 年实现 100%；到 2035 年集中供暖占 65%，煤改气占 25%，煤改电占 10%；2035 年农村清洁供暖率为 90%，其中，煤改气占 10%，煤改电占 50%	清洁取暖：2025 年城镇清洁供暖率为 100%，到 2035 年集中供暖占 65%，煤改气占 25%，煤改电占 10%；2035 年农村清洁供暖率 95%，其中，煤改气占 10%，煤改电占 50%

续表

项目	APC 情景	ESI 情景	GLC 情景
移动源	机动车排放标准升级，2020 年实施轻型汽车第六阶段污染物排放限值标准，到 2035 年提标 20%	燃油经济性标准升级，到 2035 年提高 20%	每类车型燃油经济性标准升级，到 2035 年提高 30%
	2020 年、2025 年、2030 年和 2035 年前分别淘汰第二、第三、第四和第五阶段污染物排放限值标准的轻型汽车	到 2035 年新能源车在小型、中型和大型客车中的保有量占比分别为 50%、95%和 80%	新能源汽车到 2035 年能效提高 27%
	大型客车"公转铁"，到 2035 年周转量占比为 10%；重型货车"公转铁"，到 2035 年周转量占比为 10%	到 2035 年液化天然气（LNG）车在重型货车中的保有量占比为 50%	黄标车和老旧汽车淘汰以及机动车排放标准升级设定同 APC 情景；2035 年淘汰全部第五阶段污染物排放限值标准的轻型汽车
发电结构	工程减排：通过末端治理技术，到 2035 年 SO_2、NO_x、$PM_{2.5}$等排放系数下降 20%，VOCs 排放系数下降 10%； 结构减排：到 2035 年淘汰 65 蒸吨以下燃煤锅炉	能效提升：到 2035 年万元增加值能耗下降 22%； 结构优化：增加光伏、风能、生物质能发电装机容量	污染控制：与 APC 情景设置相同； 能效提升：与 ESI 情景设置相同； 能源结构优化：与 ESI 情景设置相同

三 社会经济参数设置

经济发展、人口增长和产业结构等社会经济因素是 LEAP 模型的重要外生变量参数，本研究依据《中华人民共和国国民经济和社会发展第十四个五年规划和 2035 年远景目标纲要》提出的到 2035 年 GDP 在 2020 年基础上翻一番的目标要求，结合渭南市实际，做出如下假设。

（1）2000～2018 年渭南市人口年均增长率为 0.18%，其中 2017 年、2018 年人口出现负增长。假设 2019～2025 年、2026～2030 年、2031～2035 年人口年均增长率分别为 0.17%、0.16%和 0.15%。

（2）“十三五”期间，渭南市 GDP 年增长率回落至 10%以内，其中 2016～2019 年 GDP 增长率分别为 8.5%、7.5%、8.3%和 4.2%。2020 年由于新冠疫情影响，GDP 增长进一步放缓。根据《渭南市国民经济和社会发展第十四个五年规划和 2035 年远景目标纲要》，假设“十四五”、“十五五”和“十六五”时期渭南市 GDP 年均增长率分别为 6.5%、5.9%和 5.2%，到 2035 年渭南市人均 GDP 从 2020 年的 3.11 万元增至 6.22 万元（根据 2018 年不变价格估计）。

（3）在绿色低碳发展的宏观背景下，产业结构将会进一步优化调整，本研究假定到 2035 年第二、三产业占比分别为 32.0%和 45.4%。由于第二产业内部结构优化调整，六大高耗能行业（化学原料及化学制品制造业，非金属矿物制品业，黑色金属冶炼及压延加工业，有色金属冶炼及压延加工业、石油加工、炼焦及核燃料加工业，电力热力生产和供应业）在第二产业增加值中的占比有所下降，其他制造业（包含战略新兴产业）占比上升。

第二节　预测结果

一　能源消费影响因素分析

从能源消费年际变化影响因素分解结果（见图4-2）来看，经济增长效应均为正值，说明经济发展是能源消费需求持续攀升的主要驱动力。“十三五”时期，经济增速有所放缓，经济增长因素的驱动作用相应有所减弱。人口增长也是影响能源消费持续增加的主要因素，1017~2018年除外，因为2018年渭南市常住人口较2017年有所减少，所以2017~2018年人口增长效应为负值。产业结构调整效应除2012~2013年、2016~2017年外均为负值，说明以供给侧结构性改革为主要内容的产业结构调整政策有效抑制了渭南市能源消费的过快增长，这主要与第二产业占比下降、第三产业占比提高有关，其中第二产业占比从2011年的53%下降至2018年42%，第三产业占比从2011年的31.4%攀升至2018年的41.2%。2017年产业结构调整效应表现为正数，主要是因为当年第二产业较2016年上升了0.7个百分点。能源消费强度效应自“十二五”以来基本上为负值，说明能源消费强度下降在很大程度上减缓了渭南市能源消费总量的增长。得益于能源消费总量和强度“双控”工作开展，渭南市能源消费强度由2011年的1.535吨标煤/万元降至2018年的1.131吨标煤/万元，下降26.3%。但是，能源消费强度效应在个别年份如2014~2015年和2015~2016年出现正值，并未对能源消费总量增长发挥出抑制作用。这主要与第二产业能源消费强度未实现持续下降有关，如 2015 年第二产业能源消费强度由 2014 年的 2. 126 吨标煤/万元反弹至 2. 382 吨标煤/万元，2016 年第二产业能源消费强度继续反弹，攀升至 2. 436 吨标煤/万元。

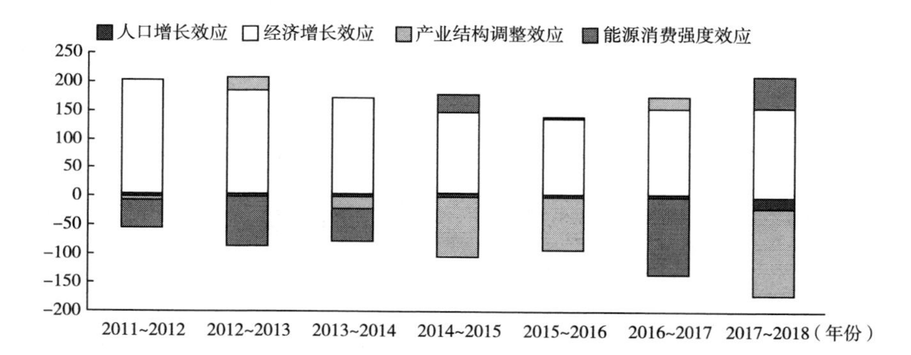

图 4-2　2011~2018 年渭南市能源消费年际变化影响因素分解

二　主要预测结果

（一）能源消费

由图 4-3 可见，在 BAU 情景下，由于没有新的政策驱动和节能减排约束，渭南市能源消费呈现持续快速增长态势，2025 年和 2035 年能源消费总量分别为 1970 万吨和 2700 万吨，分别为 2018 年的 1. 30 和 1. 78 倍。在 APC 情景下，2025 年和 2035 年能源消费总量分别为 1. 940 万吨和 2. 699 万吨，与基准情景相比分别减少了 98 万吨和 274 万吨。在 ESI 情景下，渭南市能源消费将进一步减少，2025 年和 2035 年能源消费总量分别为 1. 827 万吨和 2. 319 万吨，与基准情景相比分别减少了

211 万吨和 654 万吨；在 GLC 情景下，渭南市能源需求增速显著放缓，2025 年和 2035 年能源消费总量分别为 1.709 万吨和 1.866 万吨，分别为 2018 年的 1.12 倍和 1.34 倍。

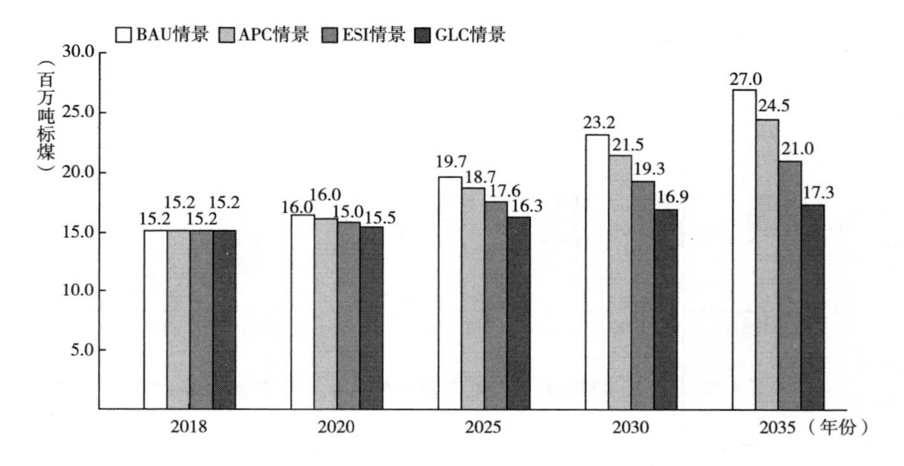

图 4-3 不同情景下渭南市能源消费趋势

从能源消费结构来看，煤炭、石油和天然气等化石燃料在渭南市仍将主导终端能源消费结构（见图 4-4）。在 GLC 情景下，2035 年化石燃料仍占全社会用能的 69.9%，低于 BAU 情景（78.5%）、APC 情景（71.5%）和 ESI 情景（71.7%）。从部门结构来看，第二产业是渭南市能源消费的主要贡献者，特别是工业部门。2018 年，第二产业各行业能源消费约占渭南市终端能源消费总量的 65.5%，其中六大高耗能行业的能源消耗占比约为 95.6%。在 ESI 和 GLC 情景下，由于能源结构优化、能效提升以及产业结构调整等政策驱动，第二产业内部高耗能行业

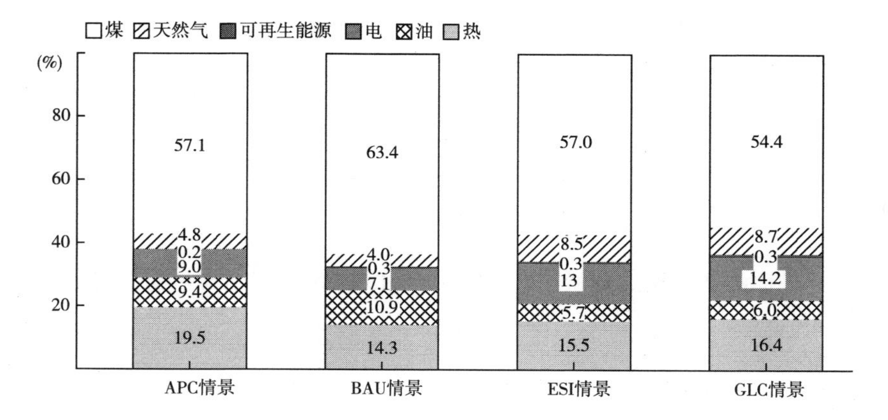

图 4-4　不同情景下渭南市 2035 年分能源品种消费结构

的能源消费占比呈下降趋势，特别是在 GLC 情景下，到 2035 年六大高耗能行业的能源消耗占比将减至 89%。

表 4-2　渭南市 2035 年第二产业各行业能源消费情况

单位：千吨标煤

行业分类	BAU 情景	APC 情景	ESI 情景	GLC 情景
石油加工、炼焦及核燃料加工业	301.9	291.8	277.3	249.4
化学原料及化学制品制造业	9787.3	9210.1	7794.9	5227.9
非金属矿物制品业	763.7	714.4	581.8	480.0
黑色金属冶炼及压延加工业	640.0	618.6	512.4	458.2
有色金属冶炼及压延加工业	76.6	74.0	61.3	53.9
电气机械和器材制造业	93.6	90.4	77.5	70.7
电力热力生产和供应业	6327.3	5465.2	4932.7	4399.8
其他	676.6	560.0	456.0	430.9
建筑业	262.7	254.1	229.3	203.9
合计	18929.7	17278.7	14923.2	11574.7

（二）大气污染物排放

1. $PM_{2.5}$排放

由于化石燃料在能源结构中占主导，且产业结构偏重、交通运输结构倚重公路交通，加上不利的地形条件，渭南市的大气污染防治形势一直以来面临严峻挑战，特别是 $PM_{2.5}$、PM_{10}和 NO_x 等主要污染物减排压力很大。在 BAU 情景下，由于渭南市能源需求持续快速增长，能源结构偏重，所以 $PM_{2.5}$排放增长迅速，2035 年将达到 1.57 万吨（见图 4-5），相当于 2018 年排放量的 1.5 倍。由于渭南市压减高耗能产能、整治散乱污、治理工业炉窑、淘汰老旧汽车、治理散煤等减排政策的实施，$PM_{2.5}$排放增长态势将在一定程度上受到抑制，所以在 APC 情景下，2025 年、2030 年和 2035 年渭南市 $PM_{2.5}$排放量分别为 1.05 万吨、1.06 万吨和 1.06 万吨，与 BAU 情景相比分别减排 1900 吨、3400 吨和 5100 吨。需要强调的是，在 APC 情景下，到 2020 年需要在化工、建材（砖瓦和石灰石）、其他制造业拆除 35 蒸吨以下燃煤锅炉，新增均为 65 蒸吨以上燃煤锅炉。在 ESI 和 GLC 情景下，通过能源结构、产业结构和交通运输结构等方面的优化调整，渭南市 2035 年 $PM_{2.5}$排放将分别下降至 7200 吨和 5600 吨，即较基准情景分别减排 8500 吨和 10100 吨。

2. NO_x 排放

在 BAU 情景下，随着能源需求持续增长，且没有出台新的减排政策措施，所以 NO_x 排放增长迅速，2025 年、2035 年渭南市排放将分别达到 2.21 万吨和 3.0 万吨，约相当于 2018 年排放的 1.30 倍和 1.76 倍（见图 4-6）。由于工业和交通领域排放标准升级、分时限淘汰老旧汽

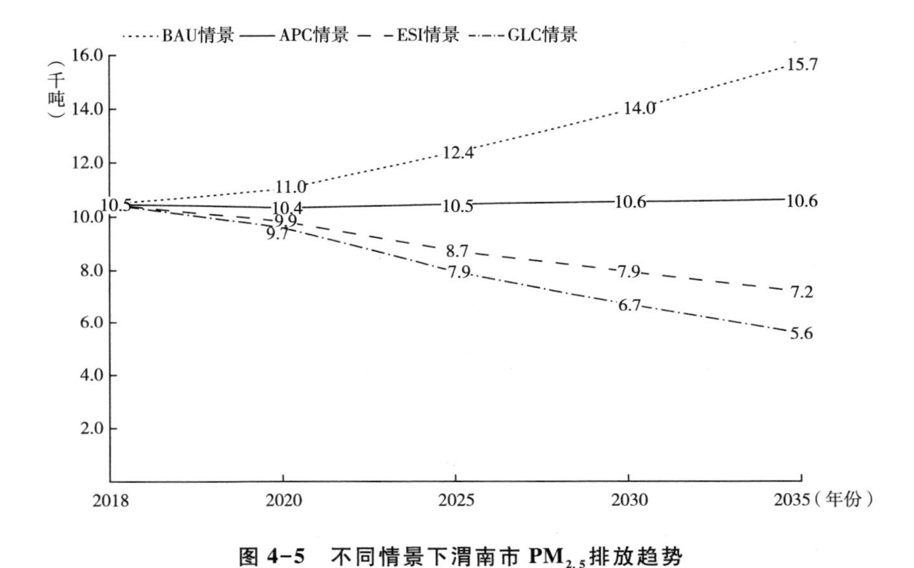

图 4-5　不同情景下渭南市 $PM_{2.5}$ 排放趋势

车、“公转铁”等减排措施的采用，渭南市污染物排放特别是第二产业污染物排放快速增长的态势在一定程度上受到抑制，所以在 APC 情景下，2025 年、2035 年渭南市 NO_x 排放分别为 1.74 万吨和 1.82 万吨，与 BAU 情景相比，分别减排 0.47 万吨和 1.18 万吨。在 ESI 和 GLC 情景下，通过能源结构优化、能耗强度下降、产业结构调整以及交通运输结构优化等方面的政策与行动，渭南市的 NO_x 排放水平将进一步下降。其中，在 ESI 情景下，2025 年、2035 年 NO_x 排放量分别减少至 1.59 万吨和 1.50 万吨；在 GLC 情景下，2025 年、2035 年 NO_x 排放量则分别下降至 1.46 万吨和 1.23 万吨。

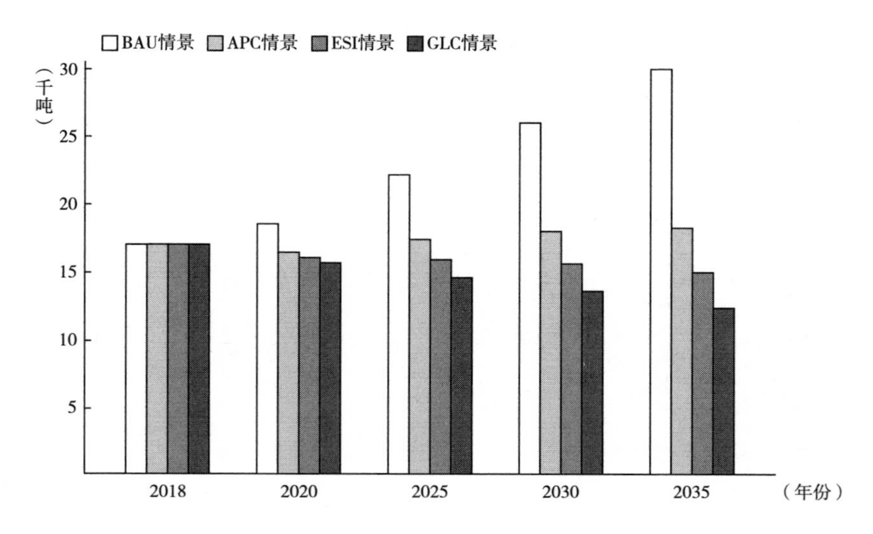

图 4-6　不同情景下渭南市 NO_x 排放趋势

（三）CO_2排放

由于大气污染物与二氧化碳在多数情况下具有同根同源排放的特征，所以能源结构、产业结构以及运输结构调整的各项措施具有协同减少二氧化碳的效果。在 BAU 情景下，渭南市能源需求持续快速增长，能源结构偏重，CO_2排放呈现迅速增长态势，2035 年 CO_2排放将达到 4270 万吨，相当于 2018 年排放的 1.88 倍。由于渭南市压减高耗能产能、整治散乱污、治理工业炉窑、淘汰老旧汽车以及治理散煤等减排政策的实施，二氧化碳排放增长态势将在一定程度上受到抑制，所以在 APC 情景下，2035 年渭南市 CO_2排放为 3530 万吨，与基准情景相比，减排 740 万吨。在 ESI 情景和 GLC 情景下，通过能源结构、产业结构和交通运输结构等方面的优化调整，渭南市 2035 年 CO_2 排放将分别下降至 3290 万吨和 2590 万吨，即较基准情景分别减排 980 万吨和 1680 万吨（见图 4-7）。需要特别强调的是，在 GLC 情景下，该市 CO_2 排放到 2028 年达峰，峰值排放水平为 2612 万吨。

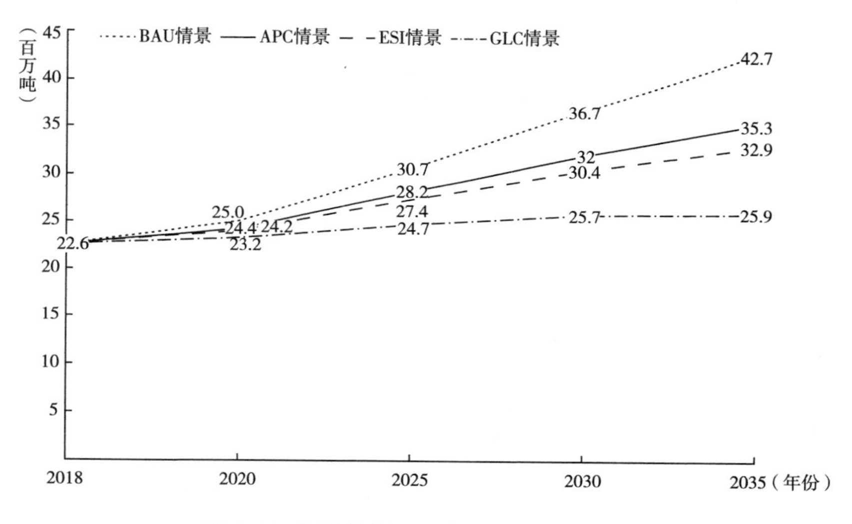

图 4-7　不同情景下渭南市 CO_2 排放趋势

（四）协同减排潜力

从模拟结果来看，3 种减排情景所考虑的结构减排、能源结构优化、产业结构调整等政策措施与技术选项均具有协同控制 SO_2、NO_x、$PM_{2.5}$、VOCs 等常规污染物与 CO_2 的效果。以 $PM_{2.5}$ 减排为例，3 种减排情景与 BAU 情景相比，$PM_{2.5}$ 减排效果明显（见图 4-8）。在 GLC 情景下，2025 年、2030 年和 2035 年 $PM_{2.5}$ 可分别减排 4460、7462 和 11025

吨。第二产业是 $PM_{2.5}$排放大户，其内部减排潜力最大的 4 个行业分别为非金属矿物制品业，化学原料及化学制品制造业，石油加工、炼焦及核燃料加工业，电力热力生产和供应业，以 2035 年 GLC 情景为例，这 4 个行业的 $PM_{2.5}$减排量分别为 6681 吨、3318 吨、538 吨和 179 吨（见图 4-9）。

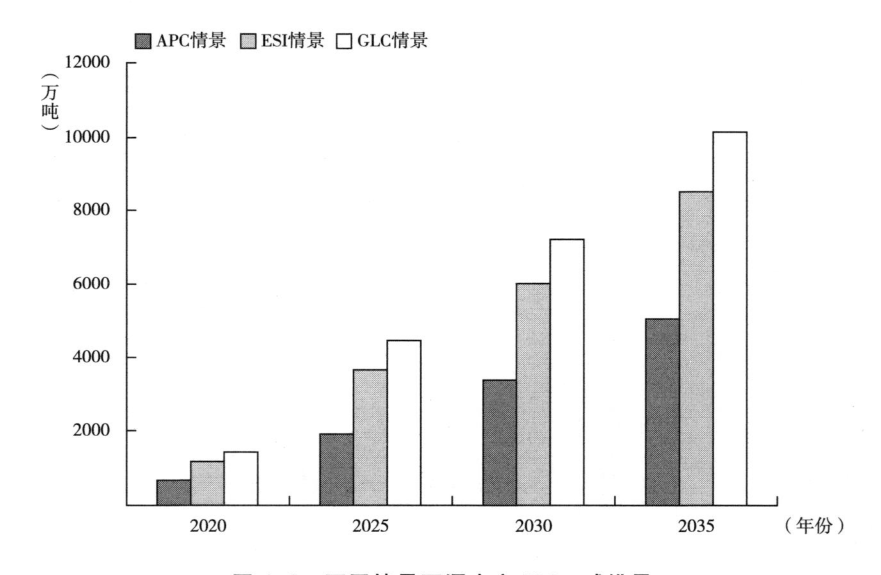

图 4-8　不同情景下渭南市 $PM_{2.5}$减排量

就 CO_2减排而言，与 BAU 情景相比，3 种减排情景的 CO_2减排效果均很明显（见图 4-10），特别是在 GLC 情景下，由于在能源结构、产业结构和交通运输结构等优化调整方面的措施形成合力，减排潜力最大，以 2035 年为例，可减少 CO_2排放 1676 万吨，是 2018 年渭南市 CO_2

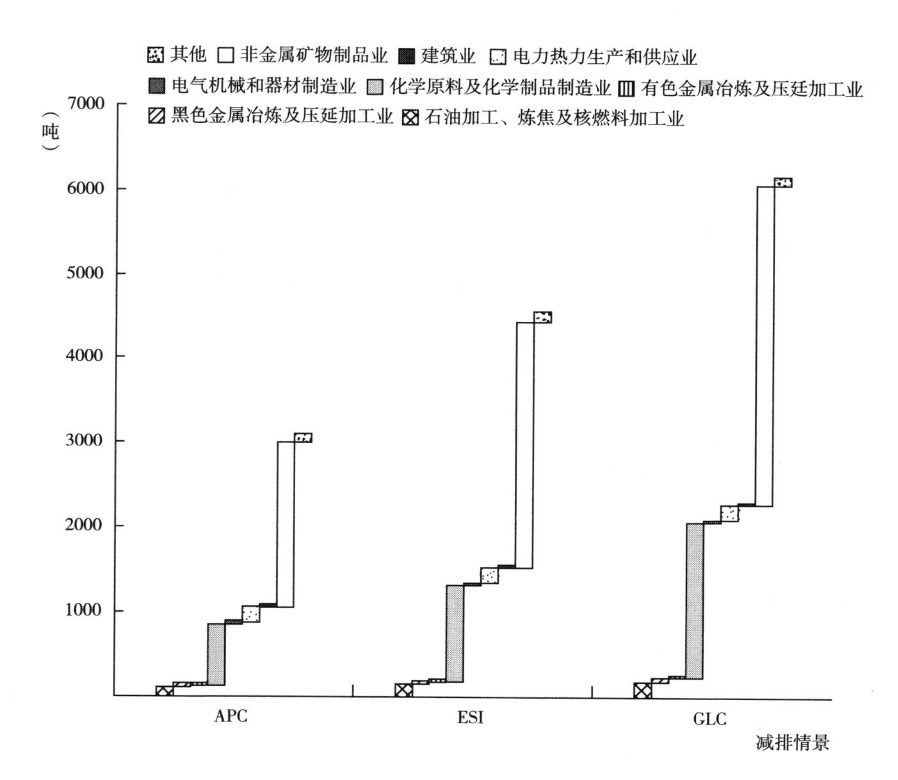

图 4-9　2035 年渭南市第二产业 $PM_{2.5}$减排量

排放总量的 89%。第二产业是 CO_2排放大户，其内部减排潜力最大的 5 个行业分别为化学原料及化学制品制造业，电力热力生产和供应业，非金属矿物制品业，黑色金属冶炼及压延加工业，石油加工、炼焦及核燃料加工业。以 2035 年 GLC 情景为例，这 5 个高耗能行业的减排量分别占第二产业 CO_2减排总量的 53.6%、31.9%、4.7%、3.0%和 1.1%。

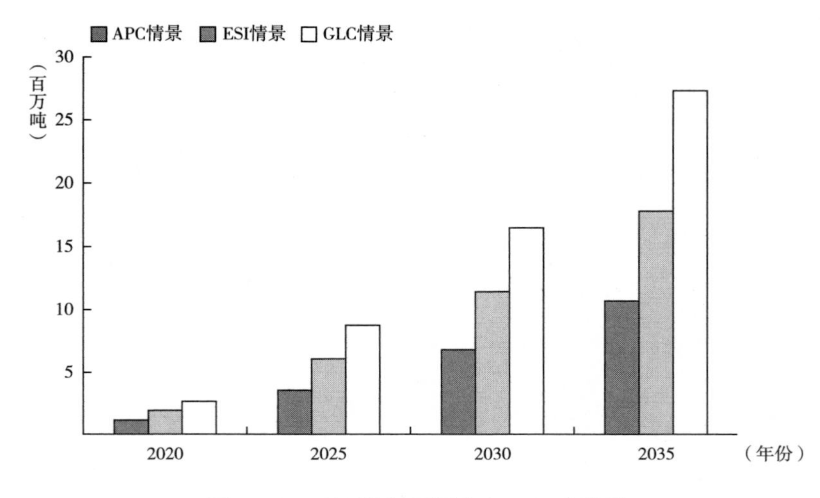

图 4-10　不同情景下渭南市 CO_2减排量

第三节　结论和建议

能源结构优化、产业结构调整、交通运输结构调整具有显著的污染物与温室气体协同减排效果，而压减落后产能、改造工业炉窑、升级工业污染物排放标准等传统环境治理措施的潜力逐渐减小。3 种减排情景下，仅有包含能源结构、产业结构和交通运输结构深度优化调整的绿色低碳发展（GLC）情景才能确保渭南市在 2030 年前实现碳达峰，而这种情景下大气污染物协同减排的效果最为显著。

在当前能源“双控”目标和碳强度目标约束强化的宏观形势下，

渭南市作为汾渭平原典型资源型城市之一，应以降碳作为源头治理的“牛鼻子”，倒逼能源结构、产业结构、交通运输结构实现绿色低碳转型和生态环境质量协同提升，牵引经济社会发展全面绿色转型。为推动渭南市绿色低碳发展，实现减污降碳协同效应，特提出如下几条对策建议。

（1）积极推进产业结构优化升级。进行传统产业绿色化升级改造，新建大气污染物排放项目实行区域内现役源 2 倍削减量替代。制定项目准入负面清单，明确禁止和限制发展的行业、生产工艺和产业目录。以化工、火电、水泥、黑色金属冶炼等高耗能行业为重点，全面实施能效提升、清洁生产、强化治污、循环利用等专项技术改造。

（2）着力优化能源结构。利用风电、光伏等资源优势，加快风电、光伏装机建设。把煤炭消费总量和强度目标作为经济社会发展重要约束性指标，推动形成经济转型升级的倒逼机制。综合运用能源结构、产业结构和交通运输结构等调整优化措施，节能潜力最大，以 2035 年为例，可实现 967 万吨的节能量，相当于 2018 年渭南市能源消费总量的 64%。加强重点行业能效管理，推动重点企业能源管理体系建设，提高用能设备能效水平，严格控制火电、化工、钢铁、水泥等重点行业等高耗能行业产品能耗标准。

（3）加快推进交通运输结构优化。鼓励清洁能源车辆的推广使用。加快城市充电桩等新能源车充电基础设施建设，大力推广和普及电动汽车。加快推进公交、出租类车辆开展新能源车更新、置换。进行以公路运输为主的货运交通结构调整，推进钢铁、电力等重点工业企业和工业园区货物由公路运输转向铁路运输，逐步提高大宗货物铁路货运比例。

第五章　成都市减污降碳协同增效工作进展、问题及对策

成都市近几年通过淘汰落后产能、优化产业结构、治理工业污染和开展机动车交通污染物减排等方式大大推动了大气污染防治，取得了显著成效。但是，用行政手段治理大气污染的方式面临边际效益越来越低的问题，纯粹的大气污染治理减排空间越来越小。成都市需要找出一条减污降碳之路，实现减污降碳协同增效。考虑到成都市在大气污染物和温室气体减排方面面临压力较大，本章内容聚焦成都市大气污染物和温室气体协同政策。

第一节　成都市减污降碳协同增效工作进展

2013 年以来，成都市开展淘汰落后产能、能源结构调整、产业结

构优化、工业污染治理、扬尘污染控制和机动车交通污染防治，与低碳城市建设相关工程共同推动了减污降碳协同增效工作。

一　体制进展

2019年，成都市结合应对气候变化职能划转，成立了应对气候变化与国际合作处，主要负责：拟订并组织实施应对气候变化的政策、规划和措施；组织开展环境经济形势分析；承办推动绿色低碳发展、碳交易相关工作；承办有关生态环境保护国际条约的履约工作，参与协调重要生态环境保护国际活动和处理涉外生态环境事务。此外，成都市还调整了市节能减排及应对气候变化工作领导小组，强化对绿色低碳发展工作的组织领导。成都市节能减排及应对气候变化工作领导小组办公室主要职责为：贯彻国家和四川省重大战略、方针、政策，研究提出全市节能减排和应对气候变化工作战略，制定政策措施，指导、督促执行情况，协调各部门、各区（市）县在节能减排和应对气候变化工作中的重大问题，负责领导小组日常工作，完成领导小组交办的其他工作。

二　政策与实践进展

（一）减污降碳被纳入条例和相关文件

2021年10月1日正式实施的《成都市大气污染防治条例》[①] 在第

① 《成都市大气污染防治条例》，http://sthj.chengdu.gov.cn/cdhbj/c110759/2021-08/09/content_57ea3b37da5f48b5befef0b27f9add39.shtml，最后访问日期：2023年2月6日。

一章总则第三条中明确提出，成都市应当以碳达峰、碳中和为目标，优化调整产业结构、能源结构、运输结构和用地结构，建立政府监管、企业尽责、公众参与、社会监督的联防联控防治机制。2021 年，成都市印发《成都市 2021 年大气污染防治工作行动方案》，其中大气污染防治六大行动中第一项行动为“协同降碳行动”，明确提出四项减污降碳任务，即推进大气污染和二氧化碳协同减排，提高新能源消费比重，加快电动车、氢燃料电池车辆推广，以及持续推动锅炉提升改造。此外，还明确规定了四项任务的牵头部门、主责单位、协办单位和完成时限。《成都市低碳城市建设 2020 年度计划》在第一部分总体要求中提出要“促进温室气体与污染物协同治理、经济社会低碳转型与高质量发展紧密融合，努力让绿色低碳成为城市最鲜明的特质和最持久的优势”。

（二）二氧化碳排放控制指标被纳入考核

成都市将二氧化碳排放控制纳入生态环境保护“党政同责”、绿色发展评价和生态文明建设考核体系；设定二氧化碳排放年度降低目标并分解到区（市）县，将低碳城市建设工作纳入成都市政府工作报告、年度计划报告；修订低碳城市建设区（市）县目标考核办法，组织开展年度低碳工作总结评价，形成纵横结合的绿色低碳目标责任体系。

（三）深入推进四大结构调整

一是高端高质的产业体系加速成势。成都市大力发展资源消耗相对较少、对环境影响相对较小的现代服务业、战略性新兴产业、都市现代农业，加快淘汰落后产能。成都市深化国家服务业综合改革试点，32

个服务业集聚区建设有序推进；深入实施工业发展“1313”战略，[①] 五大高端成长型产业快速发展；积极发展都市现代农业，农产品中无公害、绿色、有机农产品种植面积比例分别达 32.8%、6.8%和 3.0%；彻底关闭小水泥厂、小火电厂、小石灰窑、小煤矿，彻底退出采煤和烟花爆竹行业，持续推进工业企业重金属污染综合防治和印染行业结构调整。2014 年，成都市三次产业增加值比例调整为 3.7∶45.3∶51.0。

二是清洁高效的低碳能源体系持续优化。成都市坚持把能源革命摆在污染防治、绿色低碳发展的重要位置。通过淘汰落后产能、强化重点单位和重点领域节能管理，严格落实节能评估和审查制度，积极推行合同能源市场机制，能源消费总量、强度得到有效控制，能源消费结构进一步优化。

三是持续优化交通出行结构。成都市加快构建城市轨道、公交和慢行“三网”融合的低碳交通体系，轨道交通累计运营里程达 341 公里。大力推广新能源汽车，运营纯电动巡游出租车，规范共享单车发展等。提高铁路货运比例，加快干线铁路建设和改造，提高既有铁路综合利用效率，加快铁路专用线和铁路集装箱中心站建设，打造国际性铁路枢纽。建设城市绿色物流体系，不断提高铁路在大宗物资运输中的比重。强化多式联运建设，以实施交通运输部多式联运示范工程为契机，积极争取实施铁路运输班列扶持政策，建设“中欧班列”（蓉欧快铁）及辐射沿海、沿边地区“蓉欧+”班列通道，加密开行蓉欧快铁和“蓉欧+”互联

① “1313”战略是指 1 个“层次分明、优势突出、生态高效”现代工业产业体系、“突出发展、加快发展、优化发展”3 个发展层级、13 个重点推进产业（突出发展电子信息、轨道交通、汽车、石化 4 个产业，加快发展航空航天、生物医药、新能源、新材料、节能环保 5 个产业，优化发展冶金、食品、建材、轻工 4 个产业）。

互通班列，全面提升铁路集装箱货运发送量。

四是优化调整用地结构。成都市大力实施“增绿十条”，全面推进全域增绿，加快建设龙泉山城市森林公园、环城生态区、天府绿道等重大生态工程，构建生态区、绿道、公园、小游园、微绿地五级城市绿化体系。围绕城乡绿地布局不均衡、森林资源价值转化不充分、立体园林绿化水平不高等突出矛盾，大力实施“增绿十条”，切实提高城市生活品质。狠抓重大项目建设，多层次营造城乡绿地，加快构建五级城市绿化体系，持续推进天府绿道建设，大力推动龙泉山森林植被恢复和龙门山大熊猫栖息地原生植被提升，提升城市“东进”和新城新区生态能级。狠抓市域增绿，加快形成布局均衡、级配合理、功能完善、特色鲜明的公园绿地体系，整体提升两岸滨水绿化品质，大力抓好屋顶、桥柱、墙体等立体绿化，大力实施城市行道树增量提质、增花添果，全面提高生态建设的综合效益。

（四）形成“碳惠天府”配套体系

成都市对接全国碳市场政策，出台《成都市人民政府关于构建“碳惠天府”机制的实施意见》，明确了标准制定、公众低碳场景拓展、减排项目开发、减排量交易体系构建等 25 项具体任务。[①] 成都市在国内首创“公众碳减排积分奖励、项目碳减排量开发运营”双路径碳普惠建设思路，为小微企业、社区、家庭和个人的节能减碳行为进行具体量化和赋予一定价值，并建立以政策鼓励、商业激励和碳减排量交易相结合的正向引导机制，对协同推进环境质量改善，塑造城市绿色低碳新

① 《成都市人民政府关于构建“碳惠天府”机制的实施意见》，http：//gk.chengdu.gov.cn/govInfoPub/detail.action？id = 116568&tn = 6，最后访问日期：2023 年 2 月 22 日。

特质具有重要现实意义。

（五）持续推进低碳认证制度

成都市印发《鼓励和支持开展出口产品低碳认证若干政策措施》，坚持“市场主导、政府引导、部门联动、企业主动”的原则，以产品碳足迹国际标准为基础，建立国际化的低碳产品认证标准、认证机构与服务体系，制定出台相关配套政策措施，支持一批企业试点探索低碳制造产业发展规律，推动出口产品低碳认证工作，提升产品创新创造能力和附加值，实现低碳产品扩大出口，促进成都外贸高质量发展。成都市成立出口产品低碳标准与认证联盟，为应对国际绿色贸易壁垒做好政策储备。截至 2019 年，中建材、全友家私等 20 家企业获得 30 张低碳产品或碳足迹认证证书。

（六）创新开展绿色低碳宣传教育示范并开展国际合作

成都市大力培育和弘扬绿色低碳文化，连续两年发布城市级绿色低碳发展蓝皮书。利用环境日、低碳日等契机，积极开展低碳知识宣传、“节能产品进机关”等主题活动。成都市还成立了首个环保类联合性志愿者社会组织。在国际交流合作方面，成都市深化低碳领域国际交流合作，成功举办首届中国环博会成都展、第三届国际城市可持续发展高层论坛等国际会议、中瑞低碳城市工作会议、“中国城市碳排放达峰和低碳发展研讨会”，与 C40 城市气候领导联盟、宜可城等国际组织广泛交流，启动“C40 气候行动规划”成都项目等，宣传推广绿色低碳发展的“成都经验”。

三　综合成效

在相关政策的支持下，成都市在减污降碳方面取得了一定进展。

2017 年成都正式获批第三批国家低碳城市试点，率先加入中国达峰先锋城市联盟，入选全国首批“装配式建筑示范城市”，2018 年荣获“全球绿色低碳领域先锋城市蓝天奖”。具体成效如下。

（一）成都市颗粒物和 NO_2 显著下降，臭氧浓度总体保持稳定，优良天数大幅度增加

总体来看，成都市空气质量改善幅度处于靠前水平。“十三五”期间，成都市综合指数改善率在 168 个城市中排在第 61 名。

从重点污染物浓度变化情况来看，与基准年 2015 年相比，2020 年成都市 $PM_{2.5}$ 下降 28.1%（见图 5-1）；SO_2、PM_{10}、NO_2 四项指标达标，其中 NO_2 首次实现达标，“西望雪山”成为常态。

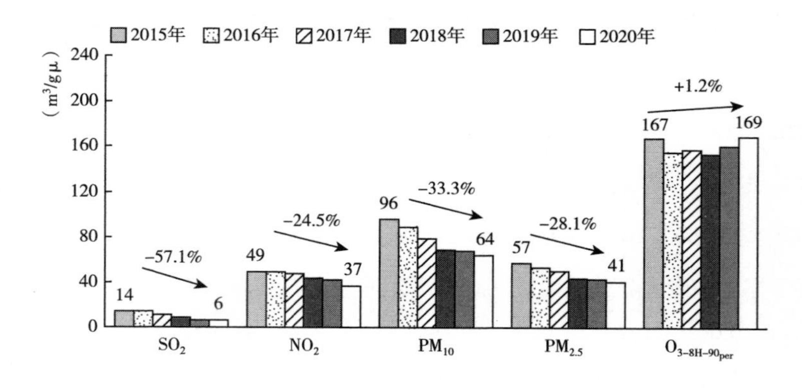

图 5-1 2015~2020 年成都市主要污染物浓度变化情况

从重污染天数变化来看，成都市严重污染天数已经为零；重度污染天数也从 2015 年的 21 天降低到 2020 年的 2 天（见图 5-2），空气质量优良天数增加 38 天。

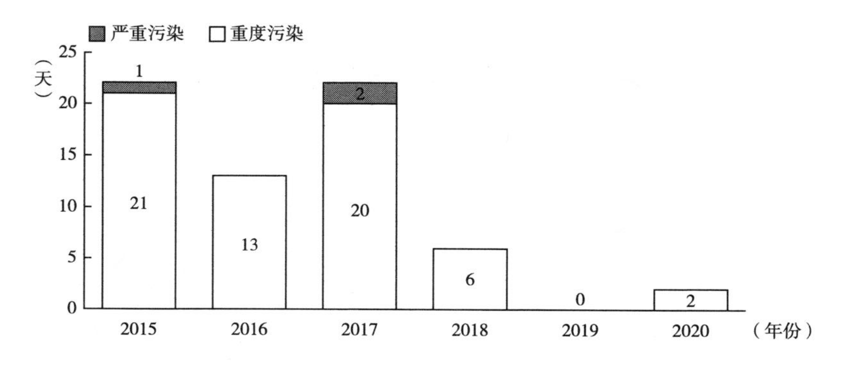

图 5-2　2015~2020 年成都市重污染天数变化情况

（二）成都市化石能源用量增速变缓，煤炭消耗量降到零点水平

由于“十三五”大气污染治理工作的促进，成都市化石能源用量增速变缓，煤炭消耗量降到零点水平。“十三五”期间，从结构变化趋势上看，成都市煤品消费持续降低，以油品为主的化石能源消耗结构进一步强化，天然气和电力处于基本持平的状态。成都市化石能源消费（不考虑电力生产和调入、调出）总量整体呈上升态势，从 2016 年的 2655 万吨增加到 2020 年的 2895 万吨，年均增加 1.58%，但增速有所下降。2020 年煤品、油品和天然气消耗量分别为 333 万吨、1606 万吨和 957 万吨。2016~2020 年煤品消耗量累计减少 86 万吨，年均减少 4.1%；油品消耗量累计新增 156 万吨，年均增长 2.2%；天然气消耗量累计新增 171 万吨，年均增长 4.4%。从结构变化趋势上看，以油品和天然气为主的化石能源消耗结构进一步强化（见图 5-3）。

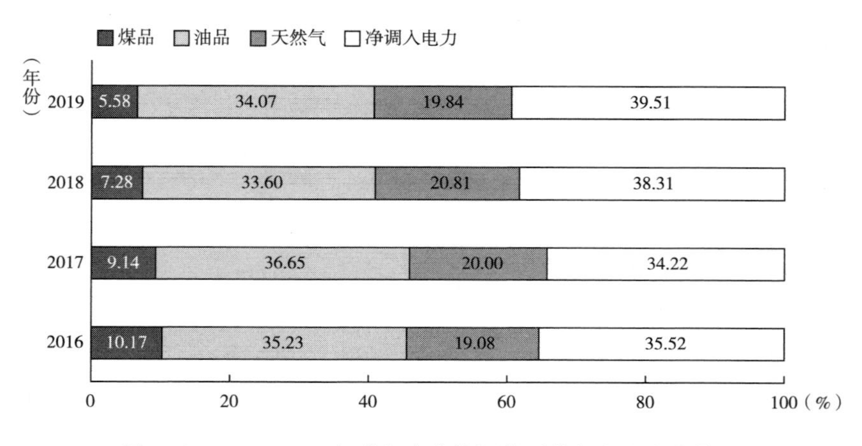

图 5-3　2016~2019 年成都市分能源类型能耗占比变化情况

从成都市分能源类型碳排放占比变化来看，其中油品的碳排放占比最高，2019 年油品碳排放占比高达 49.22%。煤品碳排放占比逐年降低，由 2016 年的 21.01%降低至 2019 年的 14.62%（见图 5-4）。

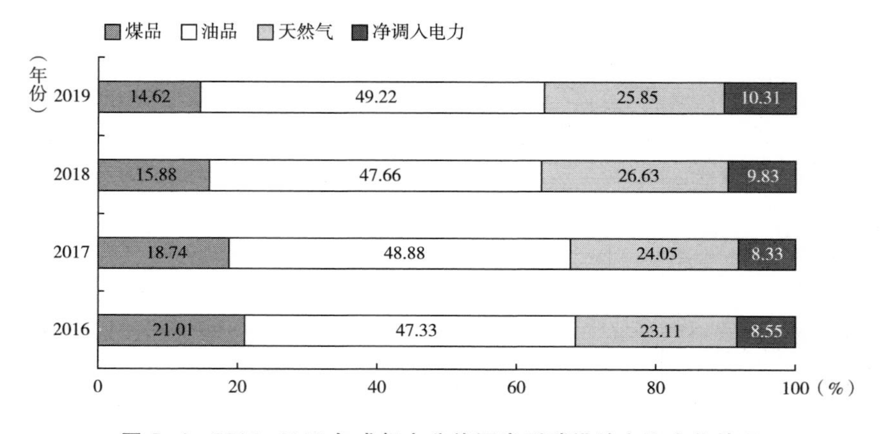

图 5-4　2016~2019 年成都市分能源类型碳排放占比变化情况

综合来看，成都市能源消费数量和强度控制较好，成都市二氧化碳排放强度呈逐年下降的趋势。2020 年，成都市实现了单位 GDP 二氧化碳排放和人均二氧化碳排放"双低"，其中人均二氧化碳排放量在全国十大城市中最低，表明能源利用效率较高，单位 GDP 二氧化碳排放量仅高于北京和深圳。

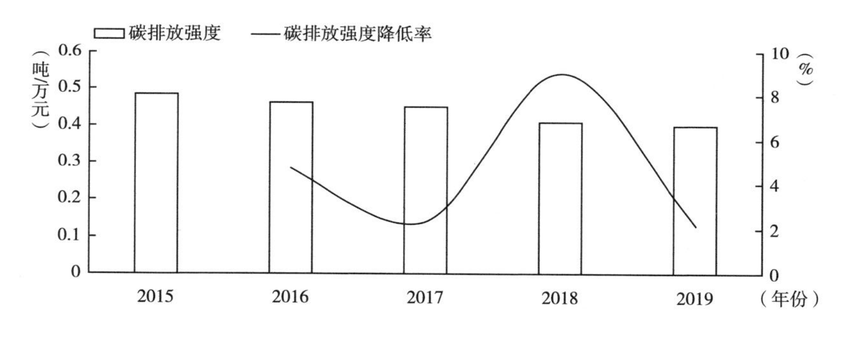

图 5-5　2015~2019 年成都市二氧化碳排放强度变化情况

（三）成都市四大结构的调整直接推动了温室气体减排和空气质量提升

成都市通过四大结构调整，实现了污染物和温室气体的协同减排，"十三五"期间，成都市 SO_2减排 3000 吨，NO_x 减排 7000 吨，VOCs 减排 1.1 万吨，同时整体实现工业 CO_2协同减排 56 万吨。在调整产业结构方面，自"大气污染防治行动计划"实施以来，累计完成 199 户工业企业落后产能淘汰工作，完成 16276 户"散乱污"工业企业的清理整顿工作。在优化能源结构方面，累计完成燃煤锅炉淘汰及清洁能源改造1874台，减少煤炭消费量175万吨，减少锅炉3174.5蒸吨，煤炭消费量占比进一步下降。在调整运输结构方面，成都市淘汰老旧车辆14.1万辆，推广新能源汽车13.7万辆，全市共完成充电站建设653座，充电桩2.5万个；轨道交通运营里程397.5公里，公交专用里程1014公里，公共交通出行分担率达到53%。在调整用地结构方面，成都市优化公园城市总体规划，留出城市通风廊道一级风道9条、二级风道29条，天府绿道规划长度16930公里，2019年已建成4238公里；2019年新开工建筑中装配式建筑面积占比为56%；共打造绿色标杆工地408个。在工业污染深度治理方面，火电和钢铁行业稳定实现超低排放改造；推动水泥、平板玻璃行业深度治理；加快推进77户重点企业和5个重点园区VOCs清洁原料替代工作。

第二节　成都市减污降碳协同增效工作面临的形势和存在的问题

一　面临的形势

（一）环境质量优势不明显

成都市空气质量并无优势，空气质量尚未完全达到二级标准，空气质量主要指标，如优良天数比例、PM_{10}、$PM_{2.5}$浓度均低于全国同期水平，空气质量在中心城市中处于中下游水平。此外，成都地处四川盆地底部，属罕见静小风区域，全年平均风速约1.1米/秒（与19个副省级城市相比风速最低），常年气象条件属明显盆地气候特征，空气自净能力差。尤其是冬季受逆温、静稳天气影响，污染物扩散条件差，在特殊气象条件下，部分空气质量指标浓度易出现波动。大气环境容量不足导致相比同等规模城市，空气质量提升难度大。水环境质量优势较为明显，地表水达到或好于 III 类水体的比例达到 90.7%，但地表水仍有 1.8%的劣 V 类水体。资源能源效率与国内外城市存在一定差距，单位 GDP 能耗、单位 GDP 建设用地面积指标要高于北京、上海、广州等国内先进城市，即能源资源利用水平仍有待提高。目前，成都市治理污染物的方式面临着边际效益越来越低的问题，纯粹的污染治理减排空间越来越小。“十四五”期间污染防治攻坚战触及的矛盾和问题层次更深、领域更广，对生态环境质量改善的要求也更高。要解决这些问题，必须从源头上发力，推动能源结构和产业结构转型升级。因此亟须找到一条新的道路来解决面临的污染物和温室气体减排的双重压力。推动降碳成为源头治理的“牛鼻子”，实现污染物和温室气体协同治理，是实现双赢的道路。

（二）城镇化、GDP 持续增长仍会带来刚性排放量的增加

成都市继重庆、上海、北京后迈入我国“2000 万人口俱乐部”，成为四川唯一的超大城市，并以全省不到 3%的面积、不足 25%的能源消耗，支撑了全省 19.6%的常住人口、37%的 GDP。目前，成都正在抢抓新时代推进西部大开发形成新格局、成渝双城经济圈建设等重大战略机遇。“十四五”是推动成渝地区双城经济圈建设的关键期，根据成都市“十四五”规划测算，成都 GDP 将新增 7000 亿元以上，人均 GDP 率先达到 2 万美元。随着高质量发展纵深推进，科技驱动、消费拉动等因素更加凸显，成都市也存在高耗能项目上马的冲动。伴随着成都市人口增长与城镇化

持续推进，若生产方式和生活方式不转变，成都市资源能耗和碳排放均将持续增长，脱碳也将持续承压。

（三）机动车保有量持续增长

2020年底成都机动车保有量达到603.8万辆，增速保持在7%左右。从排放标准构成来看，2020年机动车保有量中38%为国Ⅳ车辆，35%为国Ⅴ车辆，16%为老旧车辆（国Ⅲ及以前车辆）；从能源种类来看，电动车12万辆，仅占机动车保有总量的2%，新能源汽车推广较为缓慢。

二　存在的问题

（一）减污降碳协同增效作为成都市经济社会发展全面绿色转型的总抓手的定位和作用尚未充分体现

在实际工作中，“减污降碳协同增效”工作“说起来重要、干起来次要、忙起来不要”的问题还比较突出。各方仍然认为减污降碳工作主要是减少污染物和降低二氧化碳排放，对减污降碳工作实际会产生的其他社会、经济和环境效益仍然不够了解，也就是对协同增效到底会增加哪些效益和效果认识不够深入。

（二）成都市减污降碳工作具体路径和方案有待进一步探索

“十三五”期间，成都市高度重视污染物控制工作，并取得了显著成效。但是从成都市减污降碳结果来看，基本上是采取大气污染防治措施并带来额外的温室气体减排效果，可以说是被动地开展协同工作。成都市在出台相关政策时也并未同时考虑污染物和温室气体协同减排的效果，污染减排和应对气候变化工作仍存在不足，一些已实施或拟实施的污染治理措施能耗高、增碳多。尽管成都市在规划、考核、基础研究等方面均有相关部署，但减污降碳政策领域的创新性和实操性有待加强。此外，与其他城市如成渝经济圈的重庆相比，成都市在减污降碳方面的政策创新已处于落后的位置。总体来看，成都市减污降碳工作的着力点和路径还不够清晰。

（三）已出台的政策或措施存在不协同的情况

成都市在制定或出台相关政策或标准时并未统筹考虑污染物和温室气体减排的协同效应，导致两种政策的实施可能存在潜在冲突和矛盾，除了成本问题，两种政策实施的效果很可能会相互抵消。

经过对成都市不同污染物和 CO_2 减排措施进行分析，我们发现，加强工业和电力的末端控制措施以及淘汰落后产能对 SO_2、NO_x 和 $PM_{2.5}$ 减排起到重要作用。对 CO_2 减排影响较大的措施则主要集中于能源结构调整和淘汰落后产能，得益于化石燃料使用量及工业过程中 CO_2 排放量的大幅削减。通过对成都市不同部门的具体政策进行分析可以发现，成都市目前在实施的一些政策存在不协同的情况。在末端治理类的措施中，如工业提标改造是实现空气质量达标的重要保障，但往往不具有碳减排的协同效益。相反，末端装置的安装会导致碳排放略有增加，包括额外增加的电耗间接产生的碳排放以及吸收硫氮的化学反应释放的二氧化碳。以 VOCs 污染控制措施为例，根据《大气污染防治法》第 45 条的规定，在处理含挥发性有机物的废气时应该在密闭空间或者设备当中进行，按照规定需要使用污染防治的设备。因为之前没有相关规定，而是只要有排口就必须对气体进行处理，而且要大量使用活性炭。2019 年，国家制定了《挥发性有机物无组织排放控制标准》，允许达标气体直接排放，但使用活性炭的要求现在还没有变更，所以很多企业即使达到了标准，还是被要求继续使用活性炭来进行处理。企业必须增加活性炭床或相应设备。从活性炭本身来看，它的生产加工过程、再生过程和焚烧处理过程都会带来二氧化碳的排放。

在交通领域，油品升级后也只是对污染物减排效果显著，但对二氧化碳减排效果不显著。外购电以及机动车电动化政策的减排情况与电力结构有很大关系，如果火电比例高则并不一定具有协同效益。

此外，不同部门出台的政策也存在相互矛盾的现象。以机动车为例，成都市外来运输车辆占比较高，2021 年施行的《大气污染防治条例》中提出“机动车应当按照规定要求进行排放检验，排放检验不合格的，公安机关交通管理部门不予办理登记注册。拟转入登记的外地机动车，其污染物排放阶段标准应当执行申请转入时本市新登记注册车辆执行的标准”，该条例通过加大对外地车辆转入管理的力度推动移动源污染深入治理，但在国务院大督查行动过程中，商务部聚焦二手车交易乱象，批评指出地方多项政策违背《国务院办公厅关于促进二手车便利交易的若干意见》中“取消地方性二手车迁入限制性政策”的相关规定，造成二手车交易市场乱收费等不良影响。在相关政策执行过程中，地方政策推行阻力大。

（四）成都市绿色产业布局相对滞后

绿色发展是成都市可持续发展的内在要求，是实现先进生产、宜居生活、优美生态和谐统一的根本途径，也是做好碳达峰、碳中和工作的关键。成都低碳优势非常明显，完善城市生态系统，发挥绿色低碳治理作用是成都未来发展的关键，也是建设成渝地区双城经济圈的重点。仍需继续探索加快推动绿色发展的创新路径。尤其是成都市在绿色产业发展布局方面相对落后，例如氢能、新能源产业布局较慢。成都市汽车制造业产值超过千亿元，在规模以上工业中仅次于电力热力生产和供应业，集中于传统汽车零配件低端制造，在新能源汽车产业链和技术创新方面相对落后，未形成成都本地新能源汽车支柱产业，布局发展落后于深圳、武汉等城市。在2020年新能源车区域销量中成都市排第七位，若本地产业布局无前瞻性，则新能源汽车购买GDP向外流失，不利于稳步向上发展，从而可能变成新能源汽车政策推行的刚性掣肘。目前，成都氢能汽车产业规模尚属起步阶段，产业链条仍不完备，整个氢能汽车产业链还在构建过程中。特别是前端、中端环节还没有实现规模布局，创新能力较为薄弱，还未掌握关键技术。

（五）应对气候变化工作的人力不足、能力不够

目前，成都市应对气候变化工作处于打基础阶段，相关工作人员对温室气体监测、数据报送、考核、执法等相关业务还不熟悉，对低碳发展政策、应对气候变化和生态环境保护及污染防治的协同等认识还不充分，工作基础薄弱，管理经验缺乏，应对气候变化方面的人员队伍待扩大，工作能力待提升。此外，应对气候变化工作的内涵和外延宽泛、系统性强，工作很难聚焦。

（六）应对气候变化专项资金不足

在资金投入方面，成都市也面临应对气候变化专项资金不足或没有应对气候变化专项资金等问题，无法为低碳城市试点、碳排放单位核查等工作提供足够的资金支持，推动企业做表率、开展低碳示范工程等难度很大。

第三节　成都市落实减污降碳协同增效工作建议

一　理清责任分工，建立协同机制和管理体系

建议成都市修订生态环境保护工作责任清单，将负责重点转向减污降碳协同增效工作的关键领域、突出问题和主要环节，明确各部门（单位）在加强减污降碳协同增效工作中应当履行的基本职责，全面压实减污降碳协同增效工作责任，避免出现互相掣肘的现象。如生态环境部门作为减污降碳协同增效工作的牵头部门，主要负责制定减污降碳协同增效工作实施方案，监督减污降碳协同增效工作的实施效果，牵头负责减污降碳协同增效工作的考核等；发改、工信、交通、住建、商务等部门主要负责在重点领域如能源、交通、产业、建筑和贸易等的结构调整工作；统计部门牵头负责数据管理等工作；科技部门负责减污减碳重点技术和相关试点的工作。

此外，生态环境局内部应建立一个统一的协同工作系统，统筹大气、规划、统计等处室的力量，创新工作机制，制定“统筹和加强应对气候变化与生态环境保护相关工作的指导意见”，明确各项衔接和协调工作的牵头处室和配合处室，理顺工作思路，推进减污降碳工作。

二　构建减污降碳政策支撑体系

建议成都市全面识别和梳理已出台的相关政策的协同性，使控制温

室气体排放措施和污染物减排措施实现优化组合。缺乏协同性的政策，若涉及不同部门，可通过会商进行调整。此外，加强减污降碳政策体系创新工作，具体如下。

一是建议成都市积极探索实施碳排放总量制度，确立实现碳排放总量控制目标的低碳发展模式及配套政策机制。建立碳排放总量控制与分解落实机制，结合工业、建筑、交通等重点行业单位产品（服务量）的碳排放标准及行业先进值，将碳排放总量控制目标分解到主要部门和重点行业，并将碳排放总量控制目标纳入经济社会发展综合评价和绩效考核体系，强化指标约束。

二是开展碳评纳入环评试点，可在相关行业或工业园区开展试点，编制“成都市碳排放评价编制指南”，明确规定碳排放评价的一般工作流程、内容、方法和要求等，鼓励现有“两高”项目积极开展现状碳评工作，摸清碳排放现状。此外，还要就能评和环评制度衔接做好研究和试点工作。

三是在碳排放纳入排污许可制度中，成都市应尽快下发“推动排污许可与碳排放协同管理工作的通知”，要求在重点行业如火电、水泥等行业排污许可证核发（换发）过程中，在排污许可证上载入企业碳排放等相关数据，并在排污许可证检查中同步对碳排放报告、履约减排等进行检查。

四是加强绿色经济政策协同。加强气候投融资与绿色金融的政策协调配合，将碳市场建设和发展纳入绿色金融体系整体框架；开发适合小微企业、社区、家庭和个人的气候投融资创新工具。将碳排放信息纳入环境信用、绿色政府采购体系，重视先进企业的带头作用，将碳排放、碳履约情况作为指标纳入成都企业环境信用评价体系；制定“成都市绿色政府采购标准”，将碳排放作为重要指标纳入其中；常态化推出成都市低碳产品认证目录。

五是加快制定和完善非二氧化碳类温室气体控排政策。加强对非二氧化碳类温室气体排放控制技术及路径的研究，提高温室气体排放清单编制频率，更好地摸清成都市非二氧化碳类温室气体排放的情况和趋势，加强形势分析判断。针对甲烷，研究制定关于加强甲烷排放管控的相关政策，推动形成控制甲烷排放的目标、政策与行动及统计核算监测体系，探索将甲烷减排目标纳入成都市规划，纳入环境影响评价体系。针对重点行业，在电网中逐步淘汰使用六氟化硫，推广具有节能、低增温潜势的相关电力设施。此外，鼓励成都市相关行业、企业开展甲烷排放控制和利用的示范项目和工程，特别是沼气发电、畜禽粪污处理、生活垃圾处理等资源化利用且多重效益明显的项目。

三　推动减污降碳技术研发，筛选减污降碳技术正面清单

（一）推动减污降碳技术研发工作

将减污降碳作为成都市科技计划支持的重点方向，支持绿色氢能、氢能炼钢、先进储能、低碳建材、低碳工业原料、低含氟原料、原料替代、零碳工业流程再造、生态碳汇、非二氧化碳类温室气体减排等具有协同增效的重大技术研发示范。

（二）充分挖掘大数据等信息技术在减污降碳工作中的作用

探索大数据、云计算、数据爬虫、区块链、数字孪生体等信息技术在污染物和碳排放源锁定、数据分析、监管、预测预警等场景应用，提

高数字化减污降碳能力。

（三）筛选减污降碳技术正面清单

识别污染物和温室气体减污降碳的技术，筛选协同减排效果好的技术，形成技术正面清单。对企业的技术、装备进行效果评估，将一批技术水平高、协同减排效果好的技术编制形成技术清单。

四　加强基础研究，强化不同利益相关方减污降碳能力建设

（一）加强减污降碳基础研究

一是探索水污染防治、固废污染处置与温室气体协同减排的机理。拓展研究维度，应使协同效应研究领域由初级层次的污染物和温室气体排放/削减向高级层次的减排与适应协同和整个生态系统方向发展，提前开展固废、水—能源—环境—健康、环境与贸易等领域的协同效应评估和机理研究。开展可再生能源使用可能引起潜在的非协同效应等方面的前瞻性研究，避免因大力推广可再生能源政策而忽视潜在负效应。

二是开展减污降碳政策的事前、事中和事后评估。探索污染物与温室气体减排协同效应评估模型和评估方法。加强相关政策协同效应的事前、事中和事后定量研究，选择最佳减污降碳措施组合，实施综合控制。

（二）强化减污降碳协同增效领域业务培训，组建减污降碳专家队伍

一是加大对相关业务部门、企业、机构业务人员培训指导的力度，增加业务培训频次，优化更新培训内容，让各部门尽快掌握协同目标、协同路径等。将减污降碳协同增效作为专门课程纳入党政领导干部培

训，切实提高地方各级生态环境部门抓协同的能力。

二是借鉴成都市大气污染治理院士站建设经验，组建减污降碳研究专家团队，设立减污降碳专项科研资金，开展多学科、跨部门的全过程联合攻关，着力开展减污降碳机理、路径和关键技术等研究，提出未来减污降碳的路线图和时间表。

（三）开展减污降碳试点示范项目，加强国际交流与合作

一是开展空气质量达标与碳达峰“双达”试点示范，强化地方碳减排示范工程建设，率先在电力、钢铁、建材等行业建设减污降碳试点，有序推动规模化、全链条二氧化碳捕集、利用和封存示范工程建设。

二是推动技术试点示范。推动零碳技术、降碳技术、负碳技术和污染防治技术协同提升整合，把路径动力找准。推动碳捕集及利用和封存等零碳技术的规模化释放和产业化应用。

三是在中国（四川）自由贸易试验区成都天府新区片区、成都青白江铁路港片区中探索排污权交易与碳排放权交易制度的衔接。在已有排污权交易和碳排放权交易试点的基础上，进一步探索碳排放权交易和排污权交易的衔接，从法律基础、交易与平台、跟踪核定机制、数据采集、数据报送以及数据库使用、信息披露等各方面开展试点示范，促进区域排污权指标有偿分配使用，总结经验。

四是成都市进一步加强污染物减排协同效应领域的国际合作和交流。继续利用 C40 城市气候领导联盟机制，推动与世界大城市在低碳领域的合作，借鉴国际成功经验推进成都减污降碳工作。利用好作为中日污染减排与协同效应研究与示范项目试点城市的机会，与日方在印刷行业、餐饮行业、氢能汽车等领域开展技术交流与合作。此外，还要积极利用成都中法生态园，引进在华欧洲企业应用型低碳技术和项目，推动减污降碳工作落地。

（四）加大资金投入

一是加大财政资金投入。建议成都市建立健全污染防治和生态保护修复等领域市场投入机制，积极争取国家绿色基金支持，培育壮大环境污染治理市场主体。统筹整合环境污染防治、生态保护资金、应对气候变化专项投入和社会资本，推进重点项目实施。

二是引导政府、社会机构以及银行等金融机构探索设立市场化的碳基金。鼓励成都市政府和社会资本共同发起区域性绿色发展基金，探索通过发行绿色金融债、绿色资产证券等加大对降碳减污和降碳强生态项目的信贷投放。积极开发与碳排放权相关的金融产品和服务，推动排污权、碳排放权、林权等环境权益抵质押融资产品创新，探索运营碳期货、碳期权等碳金融工具，从而拓宽气候投融资渠道。

第六章　唐山市协同减排大气污染物与温室气体潜力分析

第一节　引言

唐山市作为京津冀大气污染传输通道“2+26”城市之一，在“打赢蓝天保卫战”中承担着重要的任务，并取得了积极成效。随着经济持续快速发展，唐山市能源需求不断攀升，以 $PM_{2.5}$ 为主的复合型污染问题日益凸显，臭氧污染正成为新的治理难题，大气环境质量正成为全面建成小康社会的突出短板，同时面临着比较大的碳减排压力。基于此，本章内容将通过系统梳理唐山市大气污染防治和低碳发展现状，结合唐山市未来大气环境质量提升目标和碳排放达峰要求，综合运用定量评估方法，分析常规大气污染物和二氧化碳协同减排潜力。

第二节　唐山市绿色低碳发展现状

一　绿色低碳发展成效

“十三五”时期，唐山市碳排放强度控制取得了积极进展，由 2015 年的每万元 5.71 吨二氧化碳当量下降至 2020 年的每万元 4.47 吨二氧化碳当量，[①] 基本完成河北省下达的“十三五”期间约束性碳排放目标。

（一）大气污染防治

“十三五”期间，唐山市高度重视大气污染防治工作，力争实现全国重点城市“退后十”的目标任务。唐山市着力打好六大攻坚战：调整产业结构，着力打好去产能和退城搬迁攻坚战；调整能源结构，打好散煤整治和清洁替代攻坚战；调整运输结构，打好机动车（船）污染防治攻坚战；加强生态修复，打好扬尘面源污染综合治理攻坚战；推进污染减排，打好工业污染深度治理攻坚战；推进应急减排和联防联控，打好重污染应对攻坚战。唐山市六大攻坚战取得了显著成效。

加快调整产业结构，强力压减钢铁、水泥、平板玻璃、焦炭和煤炭产能，启动唐钢等钢铁、焦化企业减量整合搬迁，关停主城区 174 家陶瓷企业。强化燃煤污染治理，完成省达削减煤炭消费 155 万吨和 42.1 万户煤改气改造，推广洁净煤 58.2 万吨，35 蒸吨/小时及以下燃煤锅

---

① 根据《唐山统计年鉴 2016》和《唐山统计年鉴 2021》中分能源品种消费量核算二氧化碳排放量，并以 2015 年为不变价计算碳排放强度。

炉基本清零，煤炭经营户抽检覆盖率 100%。[①] 加强机动车污染综合防治，开展全域治超、“创建无超限超载城市”行动，查处车辆 5.23 万辆次、罚款 1.37 亿元，打击黑加油站点 99 个、黑加油车 124 辆，7 条“公转铁”专用线通车运营。推进企业深度治理，五大行业完成改造 440 项，其他行业工业窑炉完成改造 260 座，全市 729 家企业完成挥发性有机物（VOCs）污染综合治理。强化扬尘污染管控，建筑面积 5000 平方米以上的房屋建筑工地现场完成视频监控系统和空气监测系统“两个全覆盖”，清理市中心区拆迁场地、闲置土地建筑垃圾 486.98 万立方米，全部实施绿化或覆盖。强化重污染应急联防联控，科学实施应急监测预警和差异化管控，对重点行业开展绩效分级，实行差异化生产。

空气质量提升目标任务圆满完成。$PM_{2.5}$浓度下降率超额完成省达目标，国省考核河流断面水质达标率、近岸海域水质优良比例均达 100%，成功创建国家森林城市。2020 年，空气质量综合指数达到 5.87，$PM_{2.5}$浓度降低到 49 微克/立方米，分别比 2015 年下降 30.2%和 42.4%，空气质量优良天数达到 249 天，比 2015 年增加 71 天，主要污染物减排提前一年完成规划目标。

（二）碳减排工作

产业结构调整取得突破，发展质量和效益不断提升。提前完成“十三五”国家化解钢铁过剩产能任务，累计压减炼铁产能 2635 万吨、

① 数据整理自唐山市政府公开发布的信息。

炼钢产能 3937.8 万吨，占全省的 48%。[①] 传统产业提档升级，新兴产业提速增量，现代服务业提效扩容，战略性新兴产业年均增长 17%以上，服务业产值占地区生产总值比重较 2015 年提高 3.8 个百分点，第二产业产值占比下降 3.3 个百分点。[②]

大力发展低碳城镇化。大力实施绿色建筑全过程监管，“十三五”期间，累计竣工绿色建筑面积 1987.28 万平方米，完成城镇节能改造 706 万平方米、农村 187 万平方米，全市新增可再生能源建筑面积 1306.5 万平方米。

低碳化交通不断深入。“十三五”期间，加快创建“新能源公交车推广应用试点城市”，持续推进机动车及非道路移动机械污染治理、公路扬尘治理，持续开展路域整治及公路绿化。到 2020 年，全市道路运输新能源（纯电动、混合动力、燃料电池）车辆或清洁燃料车辆保有量为 58102 辆，全市共更新清洁能源出租车 7451 辆，占出租汽车更新投放比例的 100%。

低碳农业稳步发展。“十三五”期间，唐山市深入推进化肥零增长行动，以果菜有机肥替代、化肥减量增效等项目为主要抓手，通过测土配方施肥、有机肥替代化肥、新型肥料、缓释肥等化肥减量技术措施，提高了化肥使用效率，化肥使用量比 2015 年降低了 13.4%。截至 2020 年，畜禽粪污综合利用率达到 92.9%，主要农作物秸秆综合利用率达到 99%以上。

---

① 《唐山经济总量连续 17 年居全省首位》，唐山劳动日报社，2022 年 10 月 28 日。

② 《唐山：“三个努力建成” 笃行致远》，http：//zhuanti. hebnews. cn/node_ 362463. htm，最后访问日期：2023 年 5 月 8 日；《唐山市 2020 年国民经济和社会发展统计公报》。

低碳试点及示范建设扎实推进。唐山高新技术产业开发区列为国家级低碳试点园区。2020 年，唐山市创建低碳社区 10 个，其中，首唐创业家项目是国内第一家全部采用被动式住宅技术的住宅小区，达到国家二星绿色建筑标准，先后荣获“2017 年住建部科技示范项目”“2018 年河北省超低能耗示范工程”等荣誉。

二　能耗和碳排放现状

（一）变化趋势

进入 21 世纪以来，唐山市经济取得快速发展，能源消费及碳排放总体呈上升趋势（见图 6-1）。“十二五”末期，受能源消耗总量和强度“双控”及碳排放强度约束影响，能源消费及其碳排放由上升转为下降。进入“十三五”时期，由于经济发展势头迅猛，唐山市能源消费及碳排放又表现出增长趋势，且 2018 年迅速攀升，增幅创新高。2018 年，唐山市能源消费总量和碳排放量分别达到 11097.23 万吨标煤和 26026.3 万吨二氧化碳，较 2015 年分别增长 39.3%和 25.8%。总体来看，“十三五”时期，唐山市能源消费及碳排放总体均表现出上升趋势，且在 2018 年加速攀升。

唐山市能源消费过度依赖煤炭，“十三五”时期，煤炭在能源消费总量中的占比在 90%以上，2018 年降至 86.9%（见图 6-2）；油品消费占比由 2015 年的 5.1%降至 2018 年的 2.9%；天然气消费占比有所提升，但 2018 年占比仅达到 2.2%。从分行业终端能源消费量来看，唐山市能源消费以第二产业为主（见图 6-3），“十三五”时期，第二产业能源消费占比稳定在 88%以上，2018 年反升至 93.2%；第三产业次之，

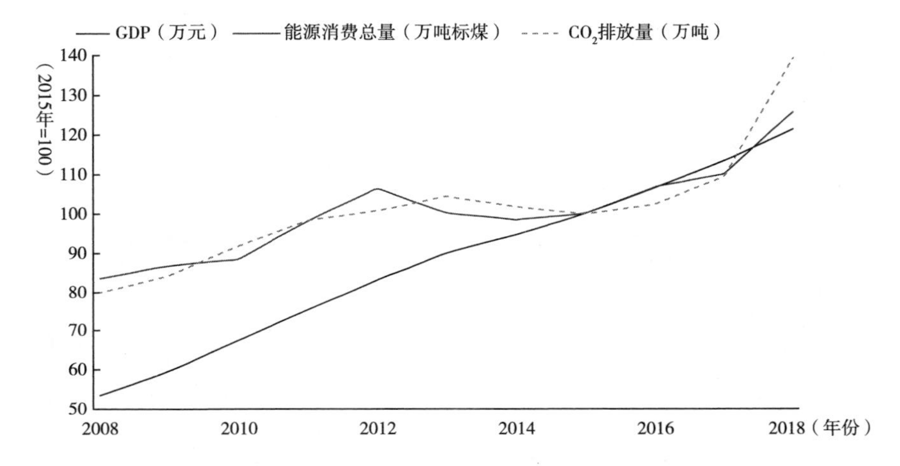

图 6-1　2008~2018 年唐山市 GDP、能源消费总量及 CO_2 排放量

占比达到 10%以上；第一产业占比不到 1.0%。另外，除个别年份有波动外，唐山市万元 GDP 能耗保持稳定下降水平，由 2008 年的 2.33 吨标煤/万元下降至 2016 年的 1.49 吨标煤/万元，但 2018 年又反弹至 1.79 吨标煤/万元。总体来看，唐山市能源消费强度虽有较大降低，但能源消费结构调整优化的效果非常有限，煤炭消费占比以及第二产业能源消费占比均未表现出明显的降低趋势。

（二）能源消费、碳排放与经济增长的脱钩分析

采用脱钩指数模型，量化分析唐山市能源消费及碳排放与经济总量增长的关系。从图 6-4 可以看出，2008 年以来，唐山市能源消费增长速度除在 2017 年高于 GDP 增速外，其余年份均低于 GDP 增速，说明“十一五”时期之后唐山市能源消费变化与经济总量增长总体上处于稳

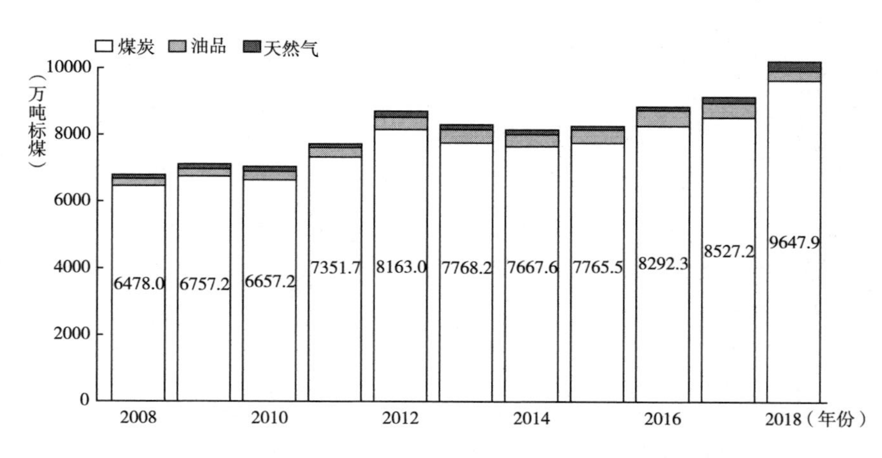

图 6-2　2008~2018 年唐山市分品种化石能源消费量

定的脱钩状态。特别是在 2014 年和 2015 年，唐山市能源消费出现负增长，使得能源消费变化与经济总量增长的脱钩弹性值为负，意味着唐山市能源消费变化在 2014 年和 2015 年与经济总量增长表现为绝对脱钩状态。但 2018 年，能源消费及碳排放变化与经济总量增长脱钩均呈现负脱钩。碳排放变化与经济总量增长的脱钩状态与能源消费一致，主要是由于煤炭消费在唐山市能源消费中占据绝对主导地位。总体上看，唐山市能源消费及碳排放变化与经济总量增长由相对脱钩状态向负脱钩状态转变，煤炭等化石能源消费比重居高不下，一次电力及其他能源消费比重还未实现稳步上升，绿色低碳发展转型压力依然较大。

（三）能耗和碳排放驱动因素分析

从能源消费总量年际变化影响因素分解结果来看，所有年份的人口

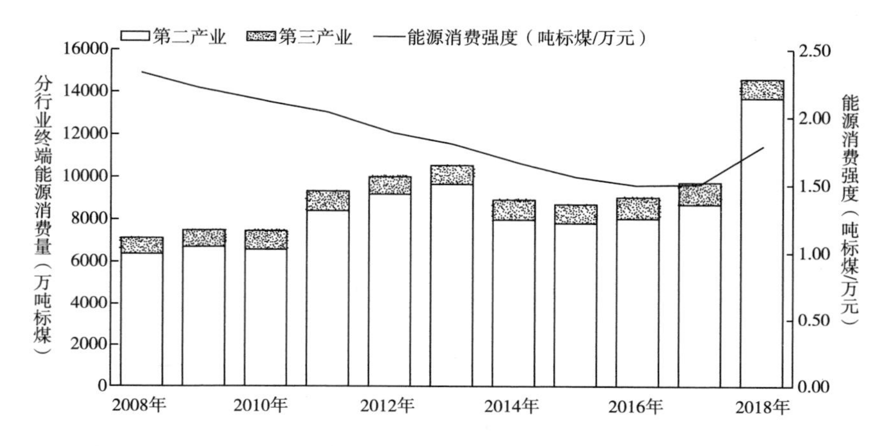

图 6-3　2008~2018 年唐山市分行业终端能源消费量和能源消费强度

说明：由于第一产业能源消费占比不足第三产业的 1/10、第二产业的 1/100，图中展示不明显，故未列出。2018 年第一产业能源消费总量为 85.49 万吨标煤。

效应和经济增长效应均为正值（见图 6-5），说明人口和经济增长是能源消费需求持续攀升的主要驱动力，但“十三五”时期以来经济增长因素的驱动作用逐渐减弱；能源强度效应自“十一五”时期以来多表现为负值，说明能源消费强度下降总体上减缓了能源消费总量的增长。得益于能源消费总量和能源消费强度双控工作的开展，唐山市能源消费强度由 2008 年的 2.33 吨标煤/万元降至 2018 年的 1.79 吨标煤/万元，累积减少能源消费 954.15 万吨标煤。但是，能源消费强度效应在个别年份如 2011 年和 2017 年出现正值，并未对能源消费总量增长发挥出抑制作用。这主要与第二产业能源消费强度未实现持续下降有关。产业结构效应自 2012 年起全为负值，说明产业结构调整自 2012 年起有效减缓

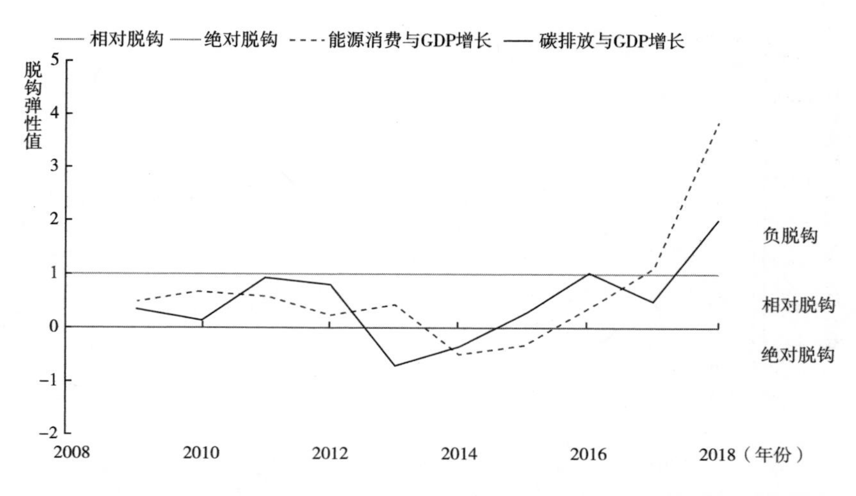

图 6-4　2008~2018 年唐山市能源消费及碳排放变化与经济总量增长脱钩情况

了唐山市能源消费总量的过快增长，主要与第二产业占 GDP 的比重下降有关。2018 年，唐山市第二产业占 GDP 的比重由 2008 年的 59.44%下降为 52.7%，对第二产业能源消费过快增长发挥了抑制作用，累积减少标煤 1000 万吨以上。“十三五”时期，供给侧结构性改革有力推动了唐山市产业结构的优化升级，使得产业结构调整遏制能源消费过快增长的作用增强。

从碳排放年际变化影响因素分解结果来看，几乎所有年份的人口效应和经济增长效应均为正值（见图 6-6），说明人口和经济增长是唐山市碳排放持续攀升的主要驱动力。其中，2018 年经济增长因素的驱动作用明显减弱，但人口因素的促进作用有所增强，较上年两者累计增加 1744 万吨二氧化碳排放；2008 年以来，能源消费强度效应除 2017 年和

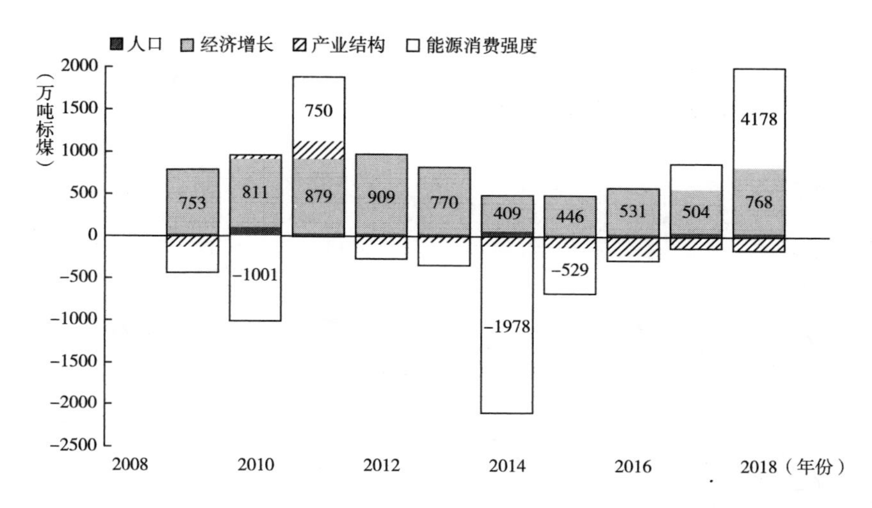

图 6-5　2008~2018 年唐山市能源消费总量年际变化影响因素分解

2018 年外均为负值，说明能源消费强度下降有效遏制了唐山市“十三五”时期碳排放的过快增长，至 2016 年对减少碳排放量的累积贡献达到 9288 万吨，但 2017 年和 2018 年出现反弹，使得碳排放量分别增加 142 万吨、4380 万吨；能源结构效应在 2010 年、2013 年、2017 年和 2018 年呈现负值，说明能源结构调整仅在个别年份抑制了唐山市碳排放增长。由于煤炭在唐山市能源消费总量中的占比达到 90%以上，煤炭消费比重的变化基本决定了唐山市能源结构调整影响碳排放变化的作用方向和作用程度。

三　污染防治现状

（一）空气质量现状

自“大气十条”实施以来，唐山市空气质量明显改善，“大气十

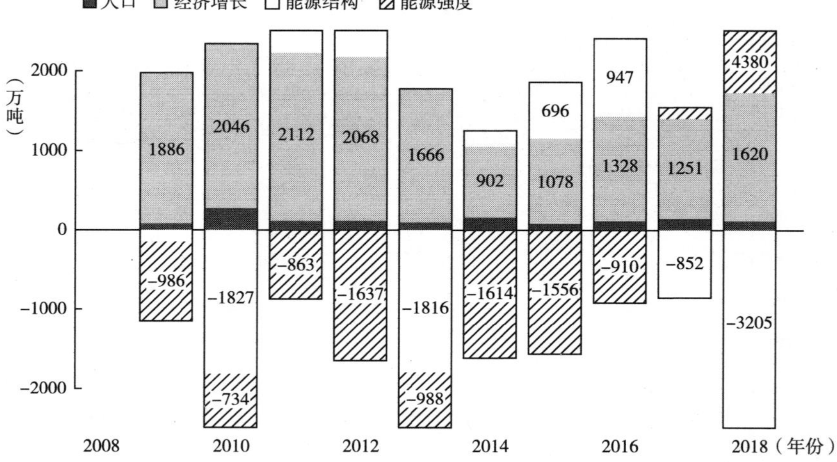

图 6-6　2008~2018 年唐山市化石能源消费碳排放年际变化影响因素分解

条”时期除 O_3外，各项污染物平均浓度均呈逐年下降趋势，空气质量持续改善。与京津冀传输通道“2+26”城市相比，唐山市 6 项大气污染监测参数中，气态污染物（包括 SO_2、NO_2、CO）的浓度值明显偏高，2016~2020 年在“2+26”城市群中均排名倒数。六项参数中，O_3和 CO 出现不降反升的不利局面（见表 6-1）。其中臭氧的浓度值及变化率排名均较为靠后，需重点关注。

表 6-1　唐山市 2016~2020 年空气质量浓度及排名变化

年份	PM_{10}	$PM_{2.5}$	SO_2	NO_2	CO	O_3
2016	127 （12）	74 （13）	46 （21）	58 （倒 4）	4.1 （倒 5）	178 （19）

续表

年份	PM_{10}	$PM_{2.5}$	SO_2	NO_2	CO	O_3
2017	115 (12)	64 (12)	36 (23)	54 (倒 1)	3.5 (倒 4)	188 (9)
2018	107 (19)	58 (16)	31 (倒 1)	52 (倒 1)	3.0 (倒 1)	180 (12)
2019	101 (15)	54 (9)	22 (倒 2)	51 (倒 1)	2.9 (倒 1)	190 (9)
2020	86 (20)	49 (17)	19 (倒 1)	42 (倒 1)	2.7 (倒 1)	193 (17)

2016~2020 年，唐山市空气质量优良天数逐年增加、重污染天数逐年减少，空气质量明显提升。2020 年，重度污染天数为 9 天，无严重污染天（见图 6-7）。城市空气质量综合指数为 5.87，较 2019 年下降 10.2%。污染物 $PM_{2.5}$、PM_{10}、SO_2、NO_2、CO 平均浓度较 2019 年分别下降 9.3%、14.9%、13.6%、17.6% 和 6.9%，Q_3-8h 平均浓度上升 1.6%、4.2%。但值得注意的是 2020 年 4 月 30 日和 6 月 7 日均出现 O_3 的重度污染，AQI 浓度值超过 200。而 2019 年仅在 6 月 24 日出现一次 O_3 的重度污染。

（二）大气污染物排放现状

1. 唐山市大气污染物总体排放情况

2018 年唐山市 SO_2 排放量为 16.41 万吨，NO_x 排放量为 27.79 万吨，CO 排放量为 691.05 万吨，VOCs 排放量为 16.63 万吨，NH_3 排放量为 10.96 万吨，PM_{10} 排放量为 27.72 万吨，一次 $PM_{2.5}$ 排放量为 13.59 万吨，BC 排放量为 0.70 万吨，OC 排放量为 1.35 万吨，其排放分担率如图 6-8 所示。

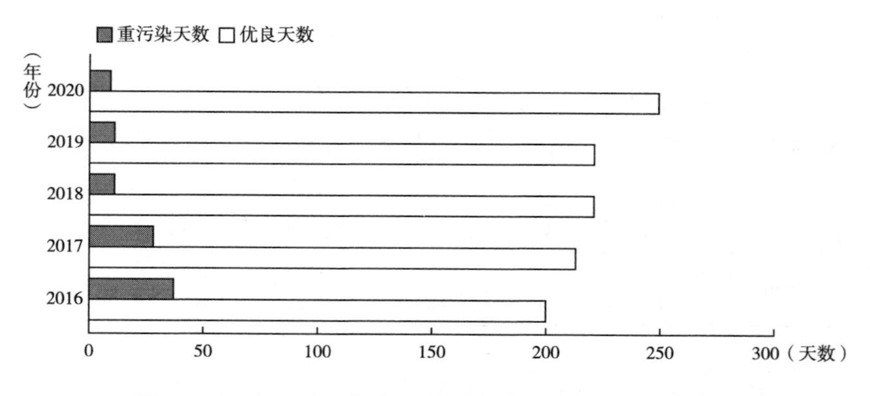

图 6-7 2016~2020 年唐山市优良天数及重污染天数变化

工艺过程源是唐山市最大的 SO_2、NO_x、CO、VOCs、PM_{10}、一次 $PM_{2.5}$、BC 和 OC 的排放源，在总排放量中占比分别为 70.35%、54.76%、90.11%、73.44%、53.46%、69.83%、37.58% 和 69.94%。其中，钢铁行业是 SO_2、NO_x、CO、VOCs、PM_{10}、一次 $PM_{2.5}$、BC 和 OC 的主要来源，分别占全部工艺源的 74.92%、74.65%、95.30%、45.61%、66.11%、70.98%、41.47% 和 70.12%。化石燃料固定燃烧源是 SO_2、NO_x、CO、$PM_{2.5}$、BC 和 OC 的重要来源。移动源是唐山市第二大 NO_x 排放源，占比为 33.61%，其中约六成排放来自机动车、二成来自船舶。农业源是全市首要的 NH_3 排放源，占比达 89.82%，其中畜禽养殖排放占比最高，占到农业源氨排放总量的近九成。扬尘源是全市 PM_{10} 和一次 $PM_{2.5}$ 的重要来源，仅次于工艺过程源，占比分别达 40.65% 和 20.27%。

2. *本地源解析*

依据唐山市 2018 年排放源清单，将全年 $PM_{2.5}$ 排放细化分解，如图

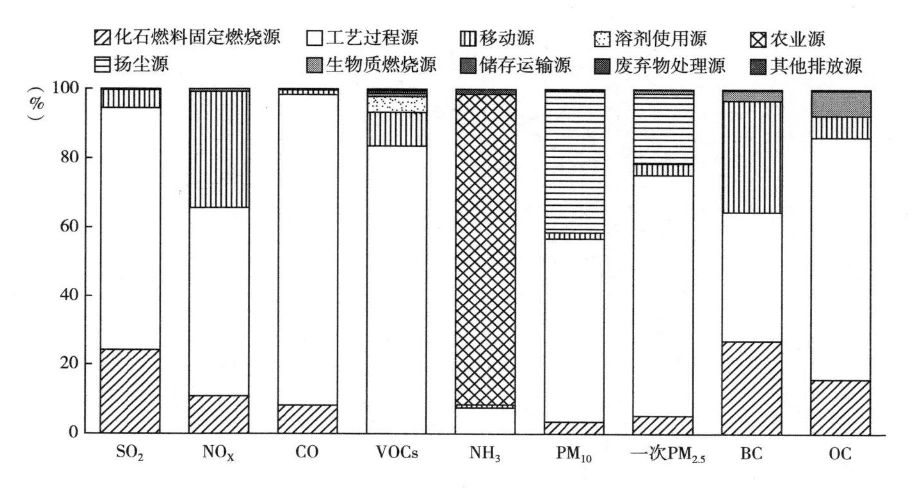

图 6-8　2018 年唐山市各类污染源大气污染物排放分担率

6-9 所示，最主要的污染物来源是工业源，占 70.37%，因此，工业源治理是 $PM_{2.5}$治理的关键领域。其中钢铁行业排放占全社会排放量的近一半，其次是建材行业（占 6.15%）。扬尘源排放占 20.28%，其中土壤扬尘、堆场扬尘和施工扬尘排放占比分别为 12.73%、2.91%和 4.64%。电力热力供应占比为 3.95%，主要来自燃煤烟气的排放。移动源排放占 3.38%，主要以道路移动源排放为主，非道路移动源和船舶排放占比之和不到 1.00%。居民生活由于消费燃煤等，排放占比达 2.02%。

四　碳排放与主要大气污染物排放同根同源分析

碳排放和大气污染物在很大程度上来自共同的排放源，即二者具有

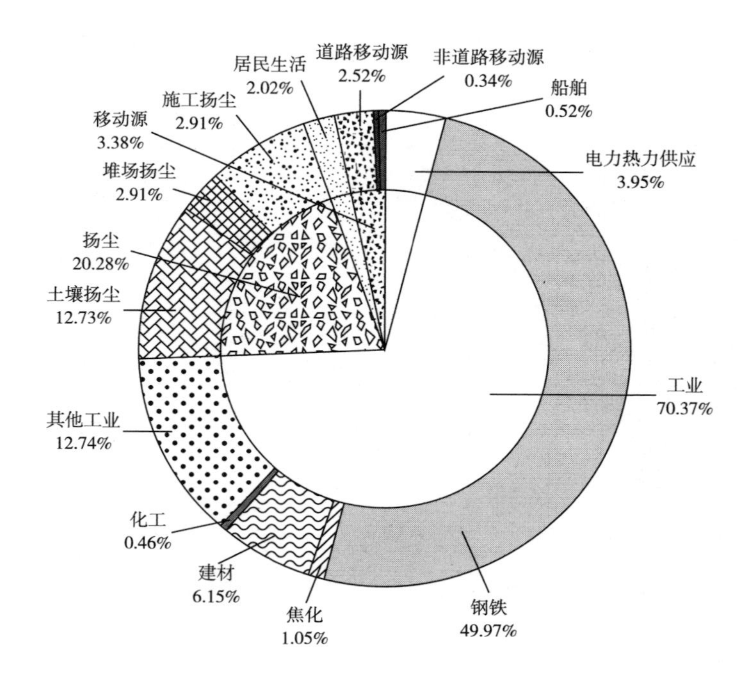

图 6-9 2018 年唐山市 $PM_{2.5}$ 排放源解析结果

同根同源性。有研究发现，[①] 以削减碳排放为目标的措施常常也能够降低大气污染物的排放，以削减大气污染物排放为目标的措施也同时促进碳减排，二者的排放控制具有协同效应，而且这种效应有助于以更低的成本实现双重减排目标。

---

① 冯相昭、王敏、梁启迪：《机构改革新形势下加强污染物与温室气体协同控制的对策研究》，《环境与可持续发展》2020 年第 45 卷第 1 期，第 146~149 页；毛显强、曾桉、邢有凯、高玉冰、何峰：《从理念到行动：温室气体与局地污染物减排的协同效益与协同控制研究综述》，《气候变化研究进展》2021 年第 17 卷第 3 期，第 255~267 页；周颖、刘兰翠、曹东：《二氧化碳和常规污染物协同减排研究》，《热力发电》2013 年第 42 卷第 9 期，第 63~65 页。

基于2018年数据，对唐山市碳排放与主要大气污染物排放的部分分布和同根同源性进行定量分析，可识别出二者协同减排的关键领域。表6-2给出了量化分析结果。对于二氧化碳排放，主要排放部门依次为工业、电力热力供应、交通、居民生活和服务业、农林牧渔，其中钢铁行业碳排放占全市排放的64.08%；对于大气中的SO_2，主要本地排放源为工业中的钢铁行业（56.90%）、建材行业以及其他行业，居民生活和服务业以及交通同样贡献了重要的排放占比；工业同样是NO_x的主要排放源，移动源NO_x排放占比居次位。综合来看，各部门对大气污染物排放有着大小不一的影响，在碳排放和大气污染物协同减排工作中需要各有侧重，需重点突破。

表6-2　唐山市碳排放与主要大气污染物排放分担率

单位：%

	CO_2	SO_2	NO_x	VOCs	NH_3	$PM_{2.5}$
农林牧渔	0.45				89.82	
电力热力供应	12.02	1.50	6.46	15.65	0.18	3.95
工业	84.33	75.87	58.42	2.60	8.82	70.37
钢铁	64.08	56.90	43.66	1.98	—	49.97
建材	2.28	8.50	5.77	0.07	—	6.15
化工	2.92	0.26	0.15	0.09	4.65	0.46
其他	15.05	10.21	8.84	0.46	4.17	13.79
建筑	0.06	—	—	—	—	20.28
居民生活和服务业	1.23	17.35	1.51	43.90	0.25	2.02
交通	1.91	5.28	33.62	37.84	0.92	3.38

资料来源：《唐山市统计年鉴》（2016~2021）、《中国统计年鉴2021》。

五　减污降碳主要压力

当前唐山市正处于转型升级、爬坡过坎的关键阶段，面临诸多问题和挑战。这主要体现在以下方面。

多种污染物年均浓度仍然超标。虽然近年来唐山市环境空气质量明显提升，2020 年除 SO_2和 CO 达标外，NO_2、PM_{10}和 $PM_{2.5}$年均浓度仍分别超标 0.05 倍、0.4 倍和 0.2 倍，O_3日最大 8 小时滑动平均第 90 百分位浓度超标 0.2 倍，颗粒物超标最为突出。唐山市 SO_2、NO_2、CO 浓度在河北省和“2+26”城市中均最高，大气环境质量改善任重道远。

产业结构依然偏重。全市粗钢产能约占“2+26”城市的 42%，占全国的 15%；炼焦、水泥、铸造产能在“2+26”城市中均排在前列。近年来，虽然唐山市在化解过剩产能和错峰生产方面做了大量工作，但钢铁产量不降反升，2018 年粗钢产量较 2017 年增长了 46%，2019 年到 2021 年粗钢产量逐年增长明显，碳排放增长显著，尽管有效推进了超低排放改造，但未实现真正减排。钢铁、焦化、水泥、平板玻璃的 SO_2、NO_x、VOCs 排放量占全市排放总量的 70%以上，一次 $PM_{2.5}$排放量占全市排放总量的 35%以上。此外，工业 VOCs 治理尚处于起步阶段，工业污染治理存在诸多短板。

短期内难以扭转以煤为主的能源结构。唐山市煤炭在一次能源消费中的占比超过 80%，而钢铁行业消费了全市 73%的煤炭，电力热力生产和供应业的煤炭消费占比约为 17%。而钢铁行业预期将保持平稳发展，粗钢产量还未达峰，电炉炼钢占比短期内难以显著提升，钢铁行业煤炭消费量仍将维持高位运行。同时，电力热力生产和供应业尽管将提升天然气消费占比，但短期内将继续以煤电机组为主。煤炭在全市能源消费结构中仍将占主导地位。

交通运输结构亟须调整。唐山市重化工企业多，铁矿石、煤炭、钢材、焦炭等大宗物料多采用公路运输。全市重型载货汽车保有量达 8 万多辆，虽然只占汽车保有量的 8.7%，SO_2、NO_x 和一次 $PM_{2.5}$ 排放量却占机动车排放量的 50%以上。部分加油站存在油品超标问题，一些企业自备油库监管不到位，工程机械污染控制基础薄弱。

第三节　基于协同治理的发展

一　减污降碳分析目标

唐山市要以 2030 年空气质量稳定达标和实现碳达峰为目标，以调结构为控制碳排放的关键，以颗粒物排放为治理重点，协同控制碳排放和大气污染物减排，贯彻落实好碳达峰行动，深入打好污染防治攻坚战。抓好产业结构、能源结构、交通结构、用地结构优化调整核心任务，坚持生态优先、绿色发展、节能减排，推进形成节约资源和保护环境的产业结构、空间格局、生产方式、生活方式，全面实施多污染源综合控制、多污染物协同减排，推动全市生态文明建设迈上新台阶。

二　协同治理的原则

统筹协同治理与社会经济发展。加强全局统筹、战略谋划、整体推进，建立健全绿色低碳循环发展经济体系，深入推进重点领域节能降碳，协同控制温室气体与污染物排放。

普遍性与特殊性相统一。地方大气污染治理工作过程中，既要关注普遍性的大气污染问题，开展区域间团结协作，共同推进污染防治，又要结合本地产业结构、能源结构、运输结构实际情况，精准施策、精细化治理。

全面性与重点性共同推进。全面掌握唐山市大气污染问题及目前各工作领域的急切诉求，同时立足于重点领域、重点行业，着重解决重点问题；既抓宏观，强化顶层设计、政策制定和统筹指导，又抓微观，通过强化监督等推动落实；做到点面结合，既整体推进，又重点突破。

坚持全民参与。加强舆论宣传引导，营造良好社会氛围，提高全民节能降碳意识，倡导绿色低碳生活方式，鼓励公众积极参与碳达峰碳中和具体行动。

三　研究思路与模型方法

本部分以有关机构关于唐山市大气环境质量达标规划中主要大气污染物排放量限值作为污染物减排参考值，并结合唐山市碳达峰初步方案，依托 LEAP 模型（关于该模型的介绍详见本书第三章），通过设定不同经济社会发展情景，考虑产业结构、能源结构、污染治理不同程度组合，来预测全市二氧化碳和污染物排放。

（一）经济社会发展基本假设

根据《唐山市国民经济和社会发展第十四个五年规划和二〇三五

年远景目标纲要》、《环渤海地区新型工业化基地建设规划》、《唐山市精品钢铁产业发展三年工作方案》和《唐山市新能源产业“十四五”发展规划（2021—2025年）》等规划文件，结合主管部门访谈、专家访谈和碳排放历史变化驱动因素的分析，以2018年为基准年，对2023~2035年唐山市经济社会发展做了基本假设，参数包括常住人口、GDP增速、产业结构（三大产业结构比重以及工业产业结构变化）、分车型交通能耗、居民生活能耗等。

1. 人口

2000~2018年，唐山市常住人口持续增长，年均增长0.7%。本研究假设基年（2018年）到2025年常住人口年均增长率为0.5%，“十五五”和“十六五”常住人口年均增长率为0.2%。

2. 经济增长

“十三五”期间，唐山市GDP年均增速较“十二五”有所回落，其中2016~2019年GDP增长率依次为6.8%、6.3%、7.1%和7.3%。2020年受新冠疫情影响，增速仅为4.4%，到2021年又恢复至6.7%。根据党的十九届五中全会提出的到2035年GDP在2020年基础上翻一番的目标，本研究假设“十四五”“十五五”“十六五”唐山市的GDP年均增长率分别为5.5%、5.0%和4.5%。

3. 产业结构

唐山市第二产业结构占比较高，特别是在2021年呈反弹上升的趋势，在绿色低碳发展的宏观背景下，产业结构将会进一步优化调整，按相关规划文件精神，到2025年第二产业占比将降至50%、第三产业占比提升至45%，本研究假定到2035年第二产业占比为45%、第三产业占比为 51%。同时，就第二产业而言，内部结构也将优化，黑色金属冶炼及压延加工业产值占比自“十四五”后期开始下降，化学原料及化学制品制造业，石油加工、炼焦及核燃料加工业产值占比将随曹妃甸石化群项目推进而快速提升，“十四五”期间预计提升 5 个百分点。

4. 大气污染物排放总量限值

当前，唐山市 NO_2 年均浓度已接近达标水平，颗粒物和 O_3 离达标浓度限值差距明显，全市以 $PM_{2.5}$ 和 O_3 为特征污染物的大气复合污染形势严峻，应持续开展 SO_2、NO_x、PM_{10}、$PM_{2.5}$、VOCs、大气氨等多污染物协同减排。其中，VOCs 和 NO_x 是导致 O_3 污染的重要前体物，同时对二次 $PM_{2.5}$ 生成也有重要影响，应着力加强颗粒物、VOCs 与 NO_x 控制。

根据清华大学和生态环境部环境规划院等模拟计算结果，到 2025 年，全市 SO_2 和 NO_x 排放量分别比 2018 年下降 68% 和 55%，颗粒物排放量下降 59% 左右，VOCs 排放量下降 46% 左右，大气氨排放量下降 18%左右，大气环境质量将明显改善，$PM_{2.5}$ 年均浓度下降到约 40 微克/立方米，O_3 浓度升高趋势基本得到遏制，NO_2 浓度达标。

到 2030 年，全市 SO_2 和 NO_x 排放量分别比 2018 年下降 73% 和 63%，VOCs 排放量下降 56% 左右，大气氨排放量下降 26% 左右（见表 6-3），大气环境质量全面改善，O_3 浓度显著下降，其他主要大气污染物浓度稳定达到国家环境空气质量二级标准，全面消除重污染天气。到 2033 年左右，O_3 浓度基本达标。

表 6-3　$PM_{2.5}$年均浓度约束条件下的环境容量

单位：吨，%

年份		SO_2	NO_x	VOCs	NH_3	一次 $PM_{2.5}$
2018	排放量	164101	277874	166252	109573	135940
2030	减排比例	72.50	63.43	56.26	26.11	69.49
	最大允许排放量	45123	101610	72719	80959	41476

（二）发展情景设定

根据唐山市经济社会发展和排放现状以及碳排放达峰和提升空气质量的目标，本研究设计了三种情景：一是基准情景，假设从基准年起至2030年，现有产业结构、绿色低碳发展政策力度、减排措施和技术的推广率均保持不变，资源能源利用技术水平保持自然状态下的缓慢提升；二是绿色低碳情景，从城市碳排放和大气污染物排放协同治理出发，大力推进产业结构调整，持续推动技术进步、升级工艺设备、提升能源利用效率，深入实施污染物减排工作；三是强化绿色低碳情景，在绿色低碳发展情景基础上，严控钢铁产量以及强力提升电炉炼钢占比，同时加速发展可再生能源和提升终端消费电气化率，从产业和能源消费源头上治理，从而实现碳和大气污染物深度协同减排（见图 6-10）。

四　主要结果讨论

（一）能源消费

唐山市能源消费预测如图 6-11 所示，当缺乏更有力的政策约束和节能减排行动，在基准情景（BAU 情景）下，唐山市能源消费呈现持续快速增长态势，2025 年、2030 年和 2035 年能源消费总量分别为 1.73

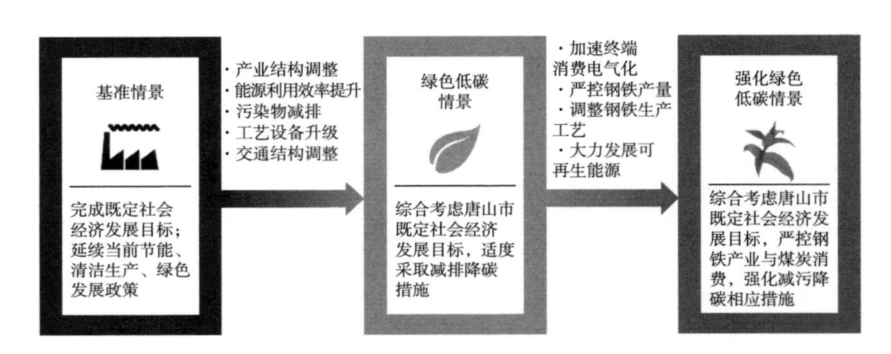

图 6-10　唐山市二氧化碳协同温室气体减排发展情景

亿吨标煤、2.112 亿吨标煤和 2.534 亿吨标煤，相当于 2017 年能源消费的 1.56 倍、1.90 倍和 2.28 倍。在绿色低碳发展情景（GLC 情景）下，高耗能行业有序发展，资源和能源要素向低碳高效产业集中，2025 年、2030 年和 2035 年能源消费总量分别为 1.409 亿吨标煤、1.517 亿吨标煤和 1.598 亿吨标煤，与基准情景相比分别节能 3210 万吨、5960 万吨和 9360 万吨标准煤。在强化绿色低碳发展情景（IGC 情景）下，采取更加强有力的产业调整政策，高耗能行业得到严格控制，新增工业主要集中在以战略性新兴产业为代表的高效低碳产业，全市能源需求放缓，2025 年、2030 年和 2035 年能源消费总量分别为 1.38 亿吨、1.458 亿吨和 1.447 亿吨标煤，分别相当于 2017 年能源消费的 1.24 倍、1.31 倍和 1.30 倍。

从能源消费结构来看（见图 6-12），在各类情景下煤炭、油品和天然气等化石燃料在唐山市仍将主导能源消费结构。在采取绿色低碳发展

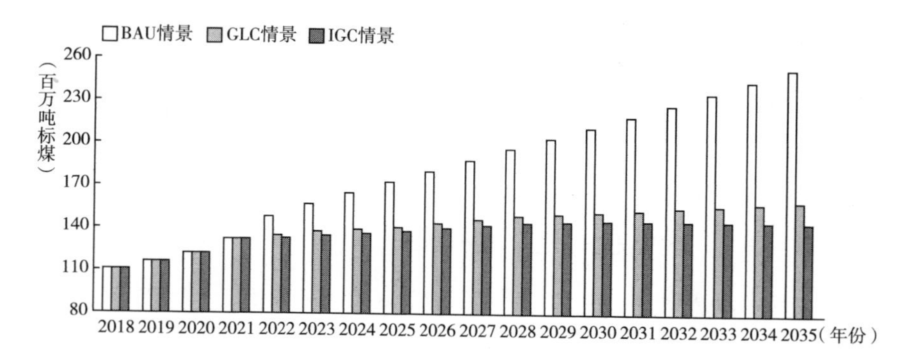

图 6-11　2018~2035 年不同情景下唐山市能源消费趋势

政策措施下，煤炭消费占比将降至 50% 以下，电力消费占比将超过 30%。

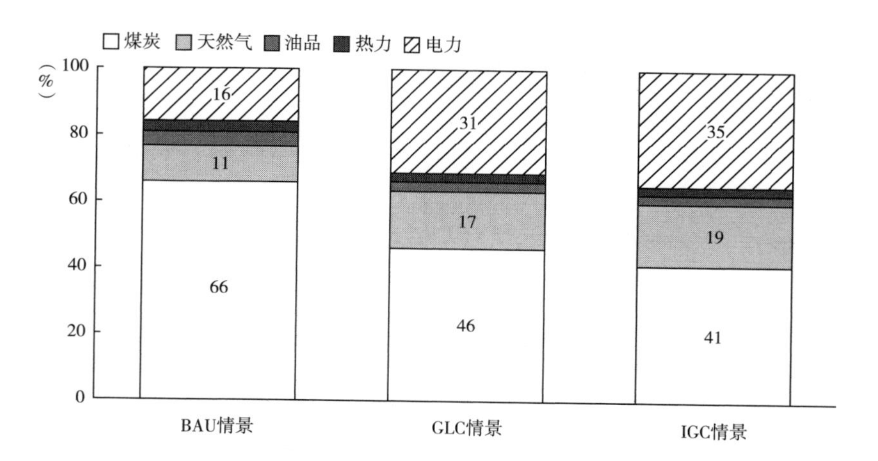

图 6-12　唐山市 2035 年能源消费结构

唐山作为北方工业重镇，第二产业在社会经济发展中仍将长期扮演至关重要的角色，第二产业特别是工业部门是唐山市最重要的能源消费部门。2018 年，工业部门能源消费量约占唐山市能源消费总量的 91.8%。在 BAU 情景下，到 2035 年工业部门仍是能耗大户，占全社会能耗总量的 89.7%。在 GLC 和 IGC 情景下，由于产业结构调整、能效水平提高和能源结构优化等的政策驱动，高耗能行业能源消费占比呈下降态势（见表 6-4），特别是在 IGC 情景下，到 2035 年六大高耗能行业和电力天然气供应部门的能源消耗占工业用能的比例将减少至 77.7%。

表 6-4 唐山市 2035 年第二产业部门能源消费占比

单位：%

第二产业	BAU 情景	GLC 情景	IGC 情景
黑色金属冶炼及压延加工业	54.64	54.24	54.10
建筑业	0.70	0.79	0.81
石油加工、炼焦及核燃料加工业	2.08	0.95	0.98
化学原料及化学制品制造业	13.75	13.68	13.10
非金属矿物制品业	3.56	2.33	2.26
有色金属冶炼及压延加工业	0.26	0.21	0.22
电力热力生产和供应业	6.98	6.46	6.24
其他	18.04	21.34	22.28
合计	100.0	100.0	100.0

（二）二氧化碳排放

在 BAU 情景下，钢铁行业保持快速增长，进一步刺激唐山市能源需求快速增长，而偏重的产业结构较大程度上决定了能源结构仍将以煤炭消费为主，全市能源活动 CO_2 排放量将快速上升，到 2035 年全市

CO_2排放相较 2018 年增加 1.11 倍（见图 6-13）。得益于严控"两高"行业发展，持续压减高耗能产能、散乱污整治、工业炉窑治理、淘汰老旧汽车等减排政策的实施，CO_2 排放增长态势在一定程度上受到抑制，故在 GLC 情景下，2035 年唐山市 CO_2排放为 3.16 亿吨，与基准情景相比，减排 2.49 亿吨。需要特别强调的是，在 GLC 情景下，唐山市 CO_2 排放将在 2028 年达峰，CO_2峰值排放水平为 3.35 亿吨（达峰年碳排放情况见图 6-14）；在 IGC 情景下，唐山市 CO_2排放提前至 2025 年达峰，峰值排放水平为 3.18 亿吨（达峰年碳排放情况见图 6-15）。

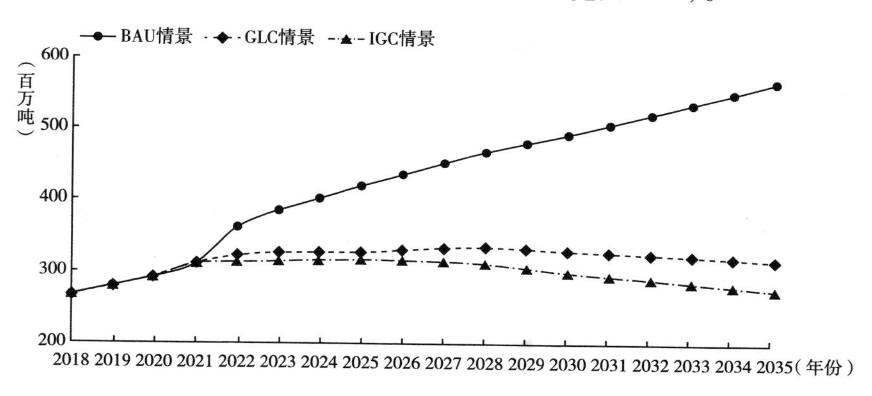

图 6-13　2018~2035 年不同情景下唐山市二氧化碳排放趋势

对比不同情景在 2030 年各部门 CO_2 排放的贡献，第二产业牢牢占据主导地位，在 BAU 情景下，第二产业 CO_2排放占比较基年（93.1%）有所下降，但依然保持在较高水平（91.9%）。在 GLC 情景和 IGC 情景下，钢铁行业能耗和碳排放得到有效控制，全社会 CO_2排放总量大幅下降，第二产业排放占比明显降低，但仍维持高位，分别为 87.6%和 83.0%，钢铁行业分别贡献了第二产业排放的 64.5%和 64.0%。

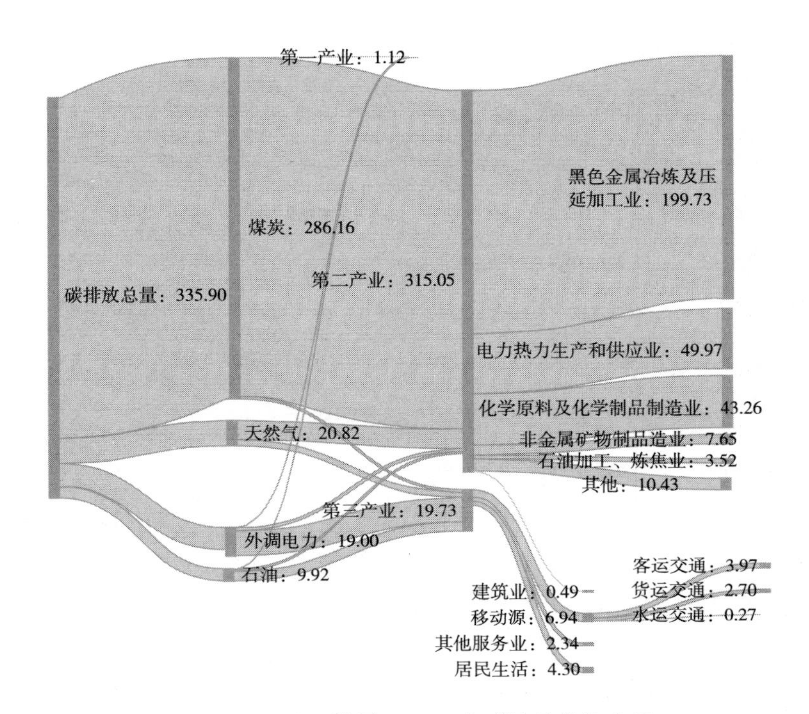

图 6-14　GLC 情景下 2028 年碳达峰结构分析

说明：单位为百万吨。

（三）污染物排放分析

鉴于化石燃料在能源结构中占主导，且产业结构偏重、交通运输结构倚重公路交通，加上大气扩散条件有限，唐山市的大气污染防治形势一直以来面临严峻挑战，特别是 $PM_{2.5}$、PM_{10}和 NO_x 等主要污染物减排压力很大。在 BAU 情景下，随着社会经济发展，能源需求持续增长，且没有出台新的减排政策措施，所以污染物排放增长迅速，到 2035 年唐山市一次 $PM_{2.5}$和 NO_x 排放分别达到 27. 89 万吨和 60. 30 万吨，分别相当于 2018 年排放的约 2. 1 倍和 2. 2 倍（一次 $PM_{2.5}$排放情况见图 6-17）。由于

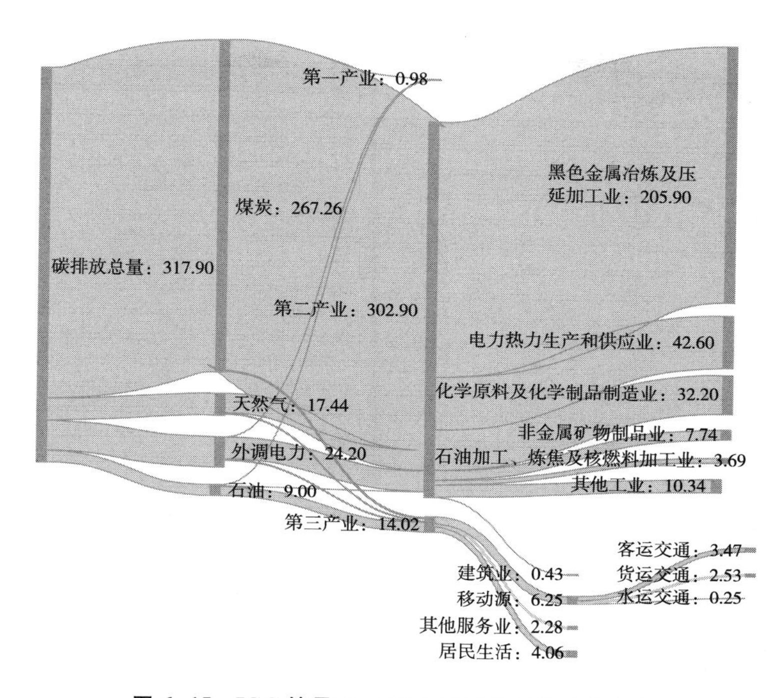

图 6-15　IGC 情景下 2025 年碳排放达峰结构分析

说明：单位为百万吨。

工业和交通领域排放标准升级、分时限淘汰老旧汽车、“公转铁”等减排措施的实施，唐山市特别是第二产业污染物排放快速增长的态势在一定程度上受到抑制，所以在 GLC 情景下，2035 年唐山市一次 $PM_{2.5}$和 NO_x 排放量分别为 2. 84 万吨和 7. 44 万吨，与 BAU 情景相比，分别减排 25. 05 万吨和 52. 86 万吨。在 IGC 情景下，通过能源结构优化、能耗强度下降、产业结构调整以及交通运输结构优化等方面的政策与行动，唐山市的污染排放水平将进一步下降，其中一次 $PM_{2.5}$和 NO_x 排放量分别减少至 3. 42 万吨和 6. 50 万吨。

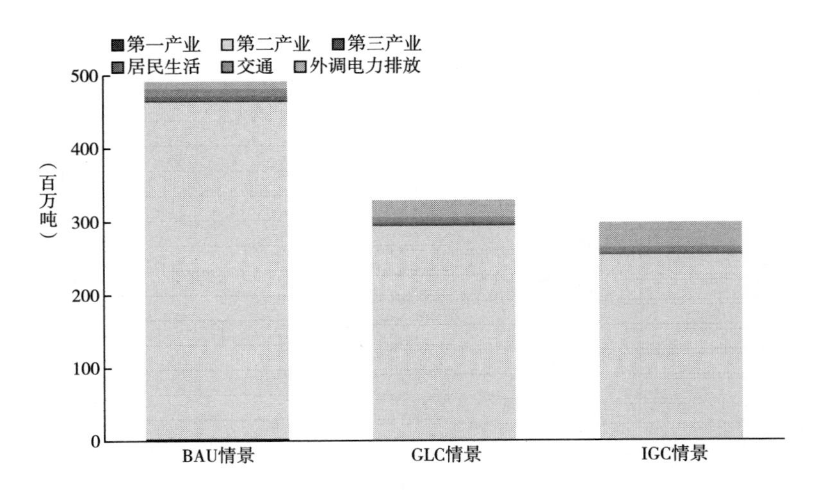

图 6-16　不同情景下 2030 年唐山市 CO_2 排放结构

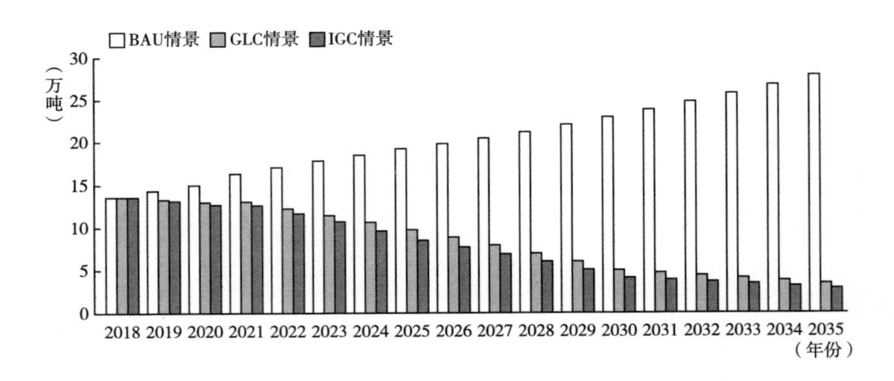

图 6-17　2018 年～2035 年唐山市一次 $PM_{2.5}$ 排放趋势

从排放结构分布来看，以工业为主导的第二产业是一次 $PM_{2.5}$ 排放的最大来源。以 2035 年为例，在 BAU 情景下，唐山市一次 $PM_{2.5}$ 排放量为 27.89 万吨，其中第二产业占比为 75.6%；在第二产业内部，黑色金属冶炼及压延加工业、非金属矿物制品业、电力热力生产和供应业是 $PM_{2.5}$排放最多的部门，分别占第二产业排放的 55.6%、9.8%、4.5%；在 GLC 情景下，2035 年 97.7%的 $PM_{2.5}$排放源来自第二产业，其中黑色金属冶炼及压延加工业、电力热力生产和供应业、非金属矿物制品业分别占第二产业 $PM_{2.5}$排放的 49.8%、7.5%和 7.2%。

就 NO_x 而言，第三产业的交通运输业、第二产业的黑色金属冶炼及压延加工业、电力热力生产和供应业是主要排放来源。在 BAU 情景下，到 2035 年，这三个部门的排放分别占唐山市 NO_x 排放总量的 37.5%、34.5%和 6.6%；在 GLC 情景下，2035 年三个部门的排放占比分别为 41.7%、21.0%和 5.8%，交通部门和黑色金属冶炼及压延加工业减排潜力巨大。

（四）协同减排潜力分析

从能源节约来看，其他两种减排情景与 BAU 情景相比，节能效果明显（见图 6-18），特别是在 IGC 情景下，由于综合运用能源结构、产业结构和交通运输结构调整优化等措施，节能潜力最大，以 2035 年为例，可实现 1.087 亿吨标煤的节能量，相当于 2018 年唐山市能源消费总量的 98.8%。

就 CO_2减排而言，其他两种减排情景与 BAU 情景相比，CO_2减排效果明显（见图 6-19），特别是在 IGC 情景下，由于在能源结构、产业结构和交通运输结构调整优化等方面的措施形成合力，减排潜力最大，以 2035 年为例，可实现减少 CO_2排放 2.90 亿吨的节能量，相当于 2018 年唐山市 CO_2排放总量的 1.08 倍。第二产业是 CO_2排放大户，其内部减排潜力最大的五个部门分别是黑色金属冶炼及压延加工业，电力热力生产和供应业，化学原料及化学制品制造业，非金属矿物制品业，石油加工、炼焦及核燃料加工业，以 2035 年 GLC 情景为例，这五个高耗能产

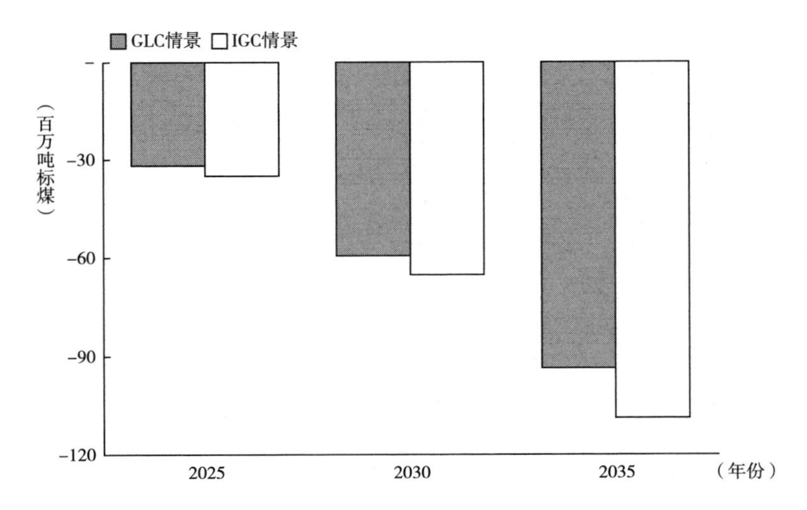

图 6-18　不同减排情景下唐山市节能潜力（与 BAU 情景相比）

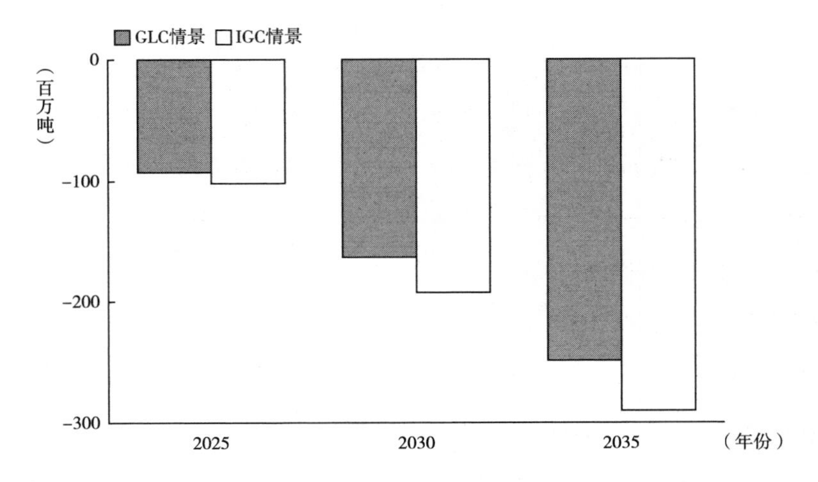

图 6-19　不同减排情景下唐山市 CO_2减排潜力（与 BAU 情景相比）

业可以分别贡献第二产业 CO_2减排量的 60.6%、15.1%、14.7%、3.9% 和 2.6%。不同减排情景下节能潜力见图 6-20。

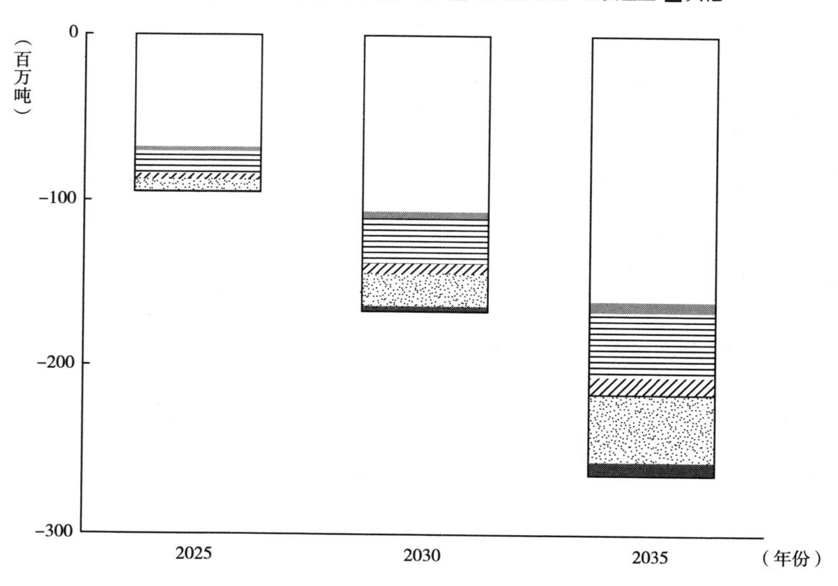

图 6-20　绿色低碳（GLC）情景下唐山市第二产业 CO_2减排潜力

就污染减排而言，其他两种减排情景与 BAU 情景相比，一次 $PM_{2.5}$减排效果明显（见图 6-21）。以 2035 年一次 $PM_{2.5}$排放为例，GLC 情景下可实现 24.47 万吨的 $PM_{2.5}$减排。与 CO_2排放的部门类似，第二产业也是 $PM_{2.5}$排放大户，其内部减排潜力最大的三个部门分别是黑色金属冶炼及压延加工业、非金属矿物制品业、电力热力生产和供应业，以

2035 年 GLC 情景为例，这三个高耗能行业分别可以贡献第二产业一次 $PM_{2.5}$减排量的 56.23%、10.10%和 4.18%。绿色低碳发展（GLC）情景下第二产业一次 $PM_{2.5}$减排潜力见图 6-22。

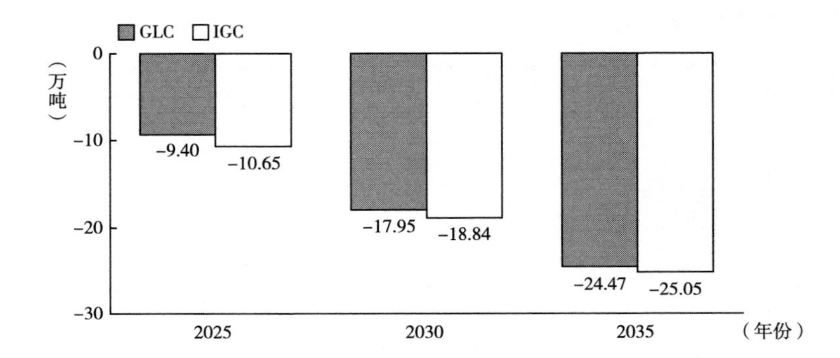

图 6-21　不同减排情景唐山市下一次 $PM_{2.5}$减排潜力（与 BAV 情景相比）

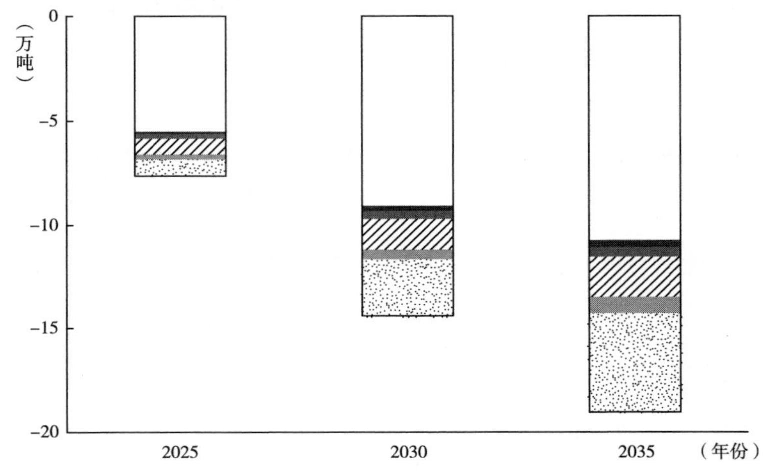

图 6-22　绿色低碳（GLC）情景下唐山市第二产业一次 $PM_{2.5}$减排潜力

以碳减排为目的的措施或技术通过抑制能源需求、优化能源结构、降低化石能源消耗等途径和方式也将大幅削减主要大气污染物排放，对提升城市空气质量做出显著贡献；大气污染治理措施和技术的实施也具有一定的碳减排协同效应，但由于部分治理措施为末端治理，降碳效果有限，也不如前者显著。

第七章　工业园区减污降碳协同增效评估

——以包头市稀土高新区为案例

我国工业园区始建于 1979 年，从最初的工业聚集区到经济技术开发区、高新区、保税区、物流园区等，现已形成各类工业园区共计 15000 多个。① 根据 2018 年六部委联合发布的《中国开发区审核公告目录》，国家级和省级工业园区共 2543 个，占当年全国工业产值的 50%以上，主要分布在广东、江苏、浙江、山东等东部沿海地区。② 2020 年，217 家国家级经济技术开发区地区生产总值增幅高于同期全国平均水平

① 张贵：《飞地经济的发展逻辑及效能提升》，http：//www.rmlt.com.cn/2021/0923/625850.shtml，最后访问日期：2023 年 6 月 8 日。

② 《中国开发区审核公告目录（2018 年版）》，http：//www.gov.cn/zhengce/zhengceku/2018-12/31/content_5434045.htm，最后访问日期：2023 年 2 月 22 日。

4.1个百分点，占同期国内生产总值的11.5%，[①] 工业园区已成为支撑制造强国战略的重要载体。

工业园区是我国污染物和碳排放的重要来源地。有研究表明，燃煤在园区能源消费总量中占74%，高于我国工业部门的燃煤消费比例（56%），各类工业园区大约制造了全国31%的二氧化碳排放。[②] 由于污染物与碳排放有较强的同根同源性，园区同样是污染物排放的重要来源地。在长江经济带，国家级和省级园区在役热电、热力、发电机组占比达37%，[③] 且大多为小容量机组，园区污染防治和控碳压力巨大。进入新发展阶段，工业园区已成为"十四五"乃至今后更长一段时期工业领域实现科学、精准减排的关键靶点。

工业园污染物和温室气体减排备受重视，试点示范园区成效显著。进入21世纪以来，国家发展和改革委员会、财政部、工业和信息化部、生态环境部陆续指导开展国家生态工业示范园区、园区循环改造、低碳园区和绿色园区等示范创建工作，成效显著。有研究表明，数十家园区在国家生态工业示范园区创建过程中，单位工业增加值综合能耗、新鲜用水量、二氧化硫排放量分别平均下降21%、23%和69%，

① 《2020年国家级经济技术开发区主要经济指标情况》，http：//wzs.mofcom.gov.cn/article/ezone/tjsj/nd/202107/20210703173204.shtml，最后访问日期：2023年4月30日。

② Guo Y.，Tian J.，Zang N.，Gao Y.，Chen L.，"The Role of Industrial Parks in Mitigating Greenhouse Gas Emissions from China." *Environmental Science & Technology* 52（14），2018，pp.7754-7762.

③ 郝吉明、田金平、卢琬莹、盛永财、赵佳玲、赵亮、郭扬、胡琬秋、高洋、陈亚林、陈吕军：《长江经济带工业园区绿色发展战略研究》，《中国工程科学》2020年第24卷第1期，第155~165页。

碳排放强度下降幅度在21%以上。[①] 针对园区循环化改造，有关案例研究验证了类似潜力，根据2020年批复的25个示范试点园区相关指标测算结果，水资源、能源和土地产出率累计分别提升37%、29%和34%，主要污染物排放量累计减少23%以上。[②] 绿色发展类园区试点示范创建工作有效提高了资源利用效率和污染物减排幅度。

碳达峰碳中和目标的提出，对工业园区绿色转型发展也提出了更高要求。自国家明确碳达峰碳中和发展目标以来，碳达峰顶层设计文件《2030年前碳达峰行动方案》以及一系列相关配套文件如《“十四五”节能减排综合工作方案》、《“十四五”全国清洁生产推行方案》和《国务院关于加快建立健全绿色低碳循环发展经济体系的指导意见》等对园区绿色低碳高质量发展在不同维度进行了工作部署。工业园区减污降碳协同增效将作为园区贯彻落实“双碳”工作的重要指向标。

本章内容以生态环境部环境与经济政策研究中心承担的内蒙古自治区绿色低碳智慧工业园区发展模式研究为基础，通过建立工业园区减污降碳协同增效评价指标体系，并以包头市国家稀土高新技术产业开发区（以下简称“稀土高新区”）为案例，为园区实现减污降碳协同增效提供指导工具。

---

① 陈吕军：《做好碳达峰碳中和工作，工业园区必须做出贡献》，《中国环境报》2021年3月10日，第008版。

② 谢元博、张英健、罗恩华、木其坚：《园区循环化改造成效及“十四五”绿色循环改造探索》，《环境保护》2021年第49卷第5期，第15~20页。

第一节　案例园区概况

包头，源于蒙古语“包克图”，意为“有鹿的地方”，所以又有“鹿城”之称；是内蒙古最大的城市，呼包银经济带、呼包鄂城市群的中心城市，地处环渤海经济圈和沿黄经济带的腹地；是国务院首批确定的十三个较大城市之一，是中国大陆交通枢纽城市，是中国华北地区重要的工业城市和内蒙古自治区的工业中心，是中国重要的基础工业基地和全球轻稀土产业中心。

稀土高新区成立于 1990 年，1992 年被国务院批准为国家级高新区，是内蒙古自治区首家国家级高新区，也是全国唯一以稀土资源命名的国家级高新区，经过近 30 年发展，现有注册企业 8800 余家。稀土高新区由建成区、希望区和滨河新区三部分组成，辖区总面积 120 平方公里，2020 年常住人口 18.41 万人。①

稀土高新区在 2012~2014 年连续 3 年被评为内蒙古自治区沿黄经济带优秀园区；2015 年至今先后获批国家产城融合示范园区、国家级知识产权示范园区、国家科技服务业区域试点、国家级创新创业示范基地、国家循环经济示范城市核心区等荣誉。

“十三五”期间，稀土高新区地区生产总值年均增长 6.5%，高于全市 0.7 个百分点。年均一般公共预算收入 30 亿元，居全市首位。城镇居民年均可支配收入达到 4.97 万元，居全市首位。完成外贸进出口

① 《稀土高新区第七次全国人口普查主要数据公报》，https：//www.sohu.com/a/503715440_121106854，最后访问日期：2023 年 2 月 22 日。

额4.58亿美元，占全市的17%，外贸依存度8.5%，高于全市1.5个百分点。现有四上企业310户，占全市的23%，居全市首位，其中，规模以上工业企业总数为101户，居全市首位；服务业企业69户，居全市第二位；批零贸易、住宿餐饮企业126户，居全市第一位；资质建筑业企业14户，居全市第四位。①

2020年，稀土高新区一、二、三产业结构比为1.0∶53.9∶45.1，第三产业比重较2015年的32.5%提高12.6个百分点。稀土新材料及其应用、铝铜有色金属冶金及深加工、高端装备制造三大主导产业结构由2015年的28∶48∶24调整到2019年的33∶41∶26，工业增加值分别为24.02亿元、29.97亿元和18.4亿元，分别占园区工业增加值的24.7%、30.8%和18.9%。战略性新兴产业增加值占园区工业增加值的36.5%，较2015年提高10个百分点。② 稀土高新区稀土产业形成了特色鲜明的稀土原材料、稀土新材料和稀土终端应用产品产业相互配套的格局。形成了以包头希铝为龙头的“煤-电-电解铝-铝合金（铝型材、铝板带箔）”、“煤-电-粉煤灰-粉煤灰砖”和“煤-电-蒸汽-供热”等建材、化工、市政公用等产业链条；形成以华鼎铜业为龙头的“煤-电-粗铜-电解铜-铜杆（铜材）”和“煤-电、蒸汽-铜冶炼-硫酸”等产业链条；逐步延伸完善“煤-电-烧碱、PVC”、“煤-电-蒸汽-赖氨酸”产业链。

中国科学院包头稀土研发中心、上海交通大学包头材料研究所先后入驻稀土高新区，国家级稀土功能材料创新中心获得批复，中国科

① 《包头统计年鉴》。

② 《包头稀土高新区2021年工作报告》。

学院稀土研究院成立全国唯一一家"稀土新材料测试与评价行业中心"。包头稀土高新区海外创新中心、"一带一路"中欧联合实验室等国际科技合作平台建设初见成效。包头稀土高新区拥有各级各类研发平台 119 家，较 2015 年增长 103%，其中企业研发中心 87 家（自治区级以上占比 65.5%）、产业联盟 16 家、院士工作站 2 家（自治区级）、重点实验室 7 家（国家级 2 家、自治区级 5 家）。拥有高新技术企业 116 家，占全市的 53.9%，是"十二五"末的 2.9 倍；创新型试点企业 79 家，占全市的 64%；科技"小巨人"企业 11 家，占全市的 85%。①

第二节　工业园区减污降碳协同增效评价指标体系

现有评价指标体系难以有效推进园区减污降碳协同增效工作，实现绿色低碳发展，并缺乏数字化转型工作考量。从国家生态工业示范园区、绿色园区、低碳园区和园区循环化改造等四类工业园区创建试点示范评价指标体系来看，污染物排放相关指标主要有：主要污染物排放弹性系数，工业园区重点污染源稳定排放达标情况，工业园区国家重点污染物排放总量控制指标及地方特征污染物排放总量控制指标完成情况，单位工业增加值废水排放量，工业废水排放量，重点污染物排放量。碳达峰碳中和相关指标主要有：单位工业增加值二氧化碳排放量年均削减率，绿化覆盖率，可再生能源使用比例，清洁能源使用率，万元工业增

---

① 根据包头稀土高新区官网整理而得，mgl. rer. gov. cn/ll_ indey. heml。

加值碳排放量消减率。一方面，各类园区试点示范评价指标体系未同时兼顾到污染物和温室气体排放，如园区循环改造未直接涉及碳排放指标、绿色园区污染物排放方面关注不够。另一方面，整体上不能充分反映园区减污降碳协同增效工作开展情况，如缺乏煤炭等化石能源消费总量、绿色低碳产品推广使用、低碳公用工程、绿色低碳交通运输体系等方面指标。

进一步，结合最新发布的《国家级经济技术开发区综合发展水平考核评价办法》（商资发〔2021〕188 号）和《国家高新技术产业开发区综合评价指标体系》（国科发火〔2021〕106 号），有关污染物排放的指标主要是单位工业增加值化学需氧量（COD）排放量。有关碳达峰碳中和的指标包括：规模以上工业单位增加值能耗和二氧化碳排放量、园区二氧化碳排放量增长率、单位增加值综合能耗、园区二氧化碳排放量增长率、园区总绿地率。上述评价指标体系虽有新增绿色低碳发展相关指标，但占比仍然较小（<7%），且国家级经开区和高新区比例较小（<2%），难以体现对园区绿色低碳智慧化发展工作的全面指导。当前，亟须建立有针对性的评价指标体系来引领工业园区探索减污降碳技术和管理路径，助力破解园区产业结构同质度高、资源利用效率低下、能源结构转型等难题。

一 构建原则

构建工业园区减污降碳协同增效的评价指标体系，既用来评估园区在减污降碳各方面的工作成效，也需要能引导园区未来的建设重点和发展方向。在构建指标体系时，应遵循以下原则。

（1）典型性、相关性原则。指标体系的设计及评价指标的选择应科学，各评价指标应具有典型代表性，能客观真实地反映工业园区发展水平、资源能源利用水平、环境管理、园区管理水平的特点和现状。

（2）引导性原则。选取的指标要能够引导提升减污降碳协同增效水平。指标需有明确的范围，并与减污降碳相关。

（3）可操作性原则。评价指标设定需简明，避免过于繁杂。指标选取的计算度量和计算方法应统一，各指标尽量来自已有评价指标体系，具有很强的可操作性和可比性，同时具备持久性。

二　构建思路

评价工作的主要目的是通过综合各类指标来识别园区在减污降碳协同增效方面工作存在的不足，引领园区绿色低碳智慧化发展。指标体系将从园区发展质量、能源清洁低碳化水平、资源循环利用水平、绿色化进程和园区建设管理水平五个方面来量化工业园区减污降碳协同增效发展水平。为保障选取指标切实可行，将以国家级绿色类园区创建工作的考核指标体系、商务部和科技部分别面向国家经开区和高新区的考核指标体系以及内蒙古自治区工业园区综合发展考核指标体系为基础，就不同类别进行分类、筛选，力求做到简洁、清晰、有效（见图 7-1）。

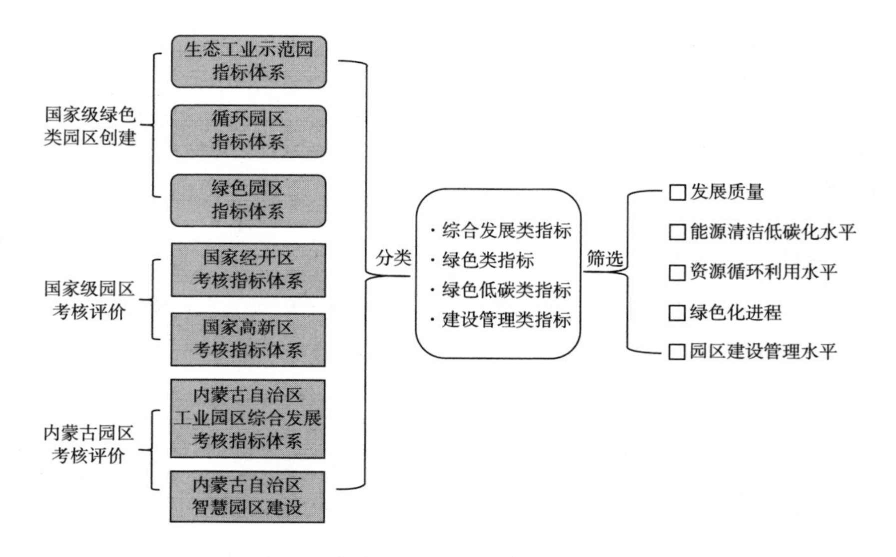

图 7-1 减污降碳协同增效综合评价指标体系构建思路

三 评价指标与评价方法

（一）评价指标

表 7-1 工业园区减污降碳协同增效发展评价指标体系

分类	序号	指标	单位	领跑值	权重	指标来源
发展质量（DQ），30%	1	能源产出率	万元/吨标煤	3	6%	循环经济发展、绿色园区评价指标体系；生态工业示范园区指标体系、高新区考核评价指标体系、国家级经开区考核评价、内蒙古工业园区综合考核评价采用倒数

续表

分类	序号	指标	单位	领跑值	权重	指标来源
发展质量（DQ），30%	2	碳生产力（二氧化碳排放）	万元/吨	90[a]	6%	国家级经开区考核评价采用倒数；生态工业示范园区指标体系、绿色园区评价指标体系采用碳排放强度率；高新区考核评价指标体系、国家级经开区考核评价采用碳排放增长率
	3	水资源产出率	元/吨	1500	6%	循环经济发展、绿色园区评价指标体系；生态工业示范园区、国家级经开区、内蒙古工业园区综合考核评价采用倒数
	4	单位工业用地面积园区工业增加值	亿元/平方公里	9	4%	生态工业示范园区、内蒙古工业园区综合考核评价指标体系中限定为工业用地和工业增加值
	5	高新技术企业工业总产值占园区工业总产值的比例	%	30	4%	生态工业示范园区、绿色园区、高新区、内蒙古工业园区综合考核评价指标体系
	6	企业研究与试验发展（R & D）经费投入力度	%	5	4%	国家级经开区、内蒙古工业园区综合考核评价指标体系

续表

分类	序号	指标	单位	领跑值	权重	指标来源
能源清洁低碳化水平（ED），18%	7	可再生能源使用比例	%	15	4%	生态工业示范园区、绿色园区考核评价指标体系
	8	能源消费弹性系数	—	0.6[b]	4%	生态工业示范园区评价指标体系
	9	碳排放弹性系数	—	0.6	4%	
	10	合同能源管理普及率	%	30	2%	
	11	新能源公交车比例	%	30	2%	绿色园区考核评价指标体系
	12	低碳技术试点示范项目（碳捕集/储能等）数量	个	2	2%	
资源循环利用水平（RRD），18%	13	余热资源回收利用率	%	60	3%	绿色园区考核评价指标体系
	14	废弃资源回收利用率	%	90	3%	绿色园区考核评价指标体系
	15	一般工业固体废物综合利用率	%	100	4%	国家级经开区、内蒙古工业园区综合考核评价指标体系
	16	再生资源循环利用率	%	80	3%	生态工业示范园区、循环经济发展、绿色园区考核评价指标体系
	17	工业用水重复利用率	%	90	3%	生态工业示范园区、绿色园区考核评价指标体系
	18	再生水（中水）回收利用率	%	20	2%	生态工业示范园区、循环经济发展、内蒙古工业园区综合考核评价指标体系

续表

分类	序号	指标	单位	领跑值	权重	指标来源
绿色化进程（GD），18%	19	园区空气质量优良率	%	80	4%	绿色园区考核评价指标体系
	20	单位工业增加值废水排放量	吨/万元	5[b]	3%	生态工业示范园区、绿色园区考核评价指标体系
	21	单位工业增加值固废产生量	吨/万元	0.1[b]	3%	生态工业示范园区考核评价指标体系
	22	重点排放源稳定排放达标情况	是/否	是	3%	生态工业示范园区考核评价指标体系
	23	绿化覆盖率	%	30	2%	生态工业示范园区、绿色园区考核评价指标体系
	24	主要污染物排放弹性系数	—	0.3[b]	3%	生态工业示范园区、绿色园区考核评价指标体系
园区建设管理水平（C & OD），16%	25	智慧平台建设	完成/部分完成/未完成	完成	5%	内蒙古工业园区综合考核评价指标体系
	26	具备（一站式）政务服务大厅情况	是/否	是	2%	内蒙古工业园区综合考核评价指标体系
	27	新建工业建筑中绿色建筑比例	—	30	2%	绿色园区考核评价指标体系
	28	大宗货物非公路货运比例	%	10	2%	
	29	公共充电桩与电动汽车比例	%	2	2%	
	30	近三年发生重大突发事件（包括生产安全事故和突发环境事件）情况	是/否	是	3%	生态工业示范园区、国家级经开区考核评价指标体系

[a]按部分长江中游地区国家级经开区平均水平计算所得；[b]逆向指标。

（二）评价方法

工业园区减污降碳协同增效发展指数（IPSR）的计算方法如下所示：

$$GLSI = \sum_{i=1}^{6} \varphi_i \frac{DQ_i}{DQ_{i,o}} + \sum_{i=1}^{6} \varphi_i \frac{ED_i}{ED_{i,o}} + \sum_{i=1}^{6} \varphi_i \frac{RRD_i}{6RRD_{i,o}} + \sum_{i=1}^{6} \varphi_i \frac{GD_i}{GD_{i,o}} + \sum_{i=1}^{6} \varphi_i \frac{C\&OD_i}{C\&OD_{i,o}}$$

式中：

$IPSR$ 为工业园区减污降碳协同增效发展指数；

DQ_i 为第 i 项发展质量指标值；$DQ_{i,o}$ 为第 i 项发展质量指标领跑值；φ_i 为第 i 项发展质量权重；

ED_i 为第 i 项能源清洁低碳化指标值；$ED_{i,o}$ 为第 i 项能源清洁低碳化指标领跑值；φ_i 为第 i 项能源清洁低碳化权重；

RRD_i 为第 i 项资源循环利用指标值；$RRD_{i,o}$ 为第 i 项资源循环利用指标领跑值；φ_i 为第 i 项资源循环利用权重；

GD_i 为第 i 项绿色化进程指标值；$GD_{i,o}$ 为第 i 项绿色化进程指标领跑值；φ_i 为第 i 项绿色化进程权重；

$C\&OD_i$ 为第 i 项园区建设管理水平指标值；$DQ_{i,o}$ 为第 i 项园区建设管理水平指标领跑值；φ_i 为第 i 项园区建设管理水平权重。

针对逆向指标：当该指标优于领跑值时，贡献度等于其权重；当指标值表现差于领跑值时，用领跑值比上该指标值并乘上其权重计算其贡献值。

注：所有指标贡献值不超过其权重。

第三节　案例园区减污降碳协同增效评价结论

一　发展质量指数（DQ）

稀土高新区发展质量指数 DQ 持续提升，约为领跑值的 1/3。DQ 从 2018 年的 5.86%上升到 2020 年的 10.00%，但离领跑值仍有较为明显的差距。DQ 的提升主要来自高新技术企业工业总产值占园区工业总产值的比例的迅速提升，三年的增幅达 138%，2020 年对 DQ 的贡献占比超过 64%。近年来水资源利用效率不断提升，水资源产出率的提高是园区发展质量提高的第二个重要因素，2020 年对 DQ 的贡献占比超过 16.8%。单位工业用地面积园区工业增加值和能源产出率贡献占比分别为 14.3%和 4.8%（见图 7-2）。园区碳生产力和能源产出率与领跑值差距较大，特别是碳生产力仅是领跑值的 2.4‰，所以，一方面需提高资源重复利用率，另一方面需着力培育低耗高效企业。

二　能源清洁低碳化指数（ED）

稀土高新区能源清洁低碳化指数 ED 约为领跑值的 50%，且近年来持续下降，从 2018 年的 10.26%下降至 2020 年的 9.11%（见图 7-3）。当前，仅可再生能源使用比例、能源消费弹性系数和碳排放弹性系数对园区 ED 有实际贡献。其中碳排放弹性系数对 ED 贡献最大，2020 年达到 53.64%。可再生能源使用比例在 2019 年略有下降后又回升超过 2018 年水平。而园区能源消费弹性系数指标逐年下滑是导致 ED 下降的主要

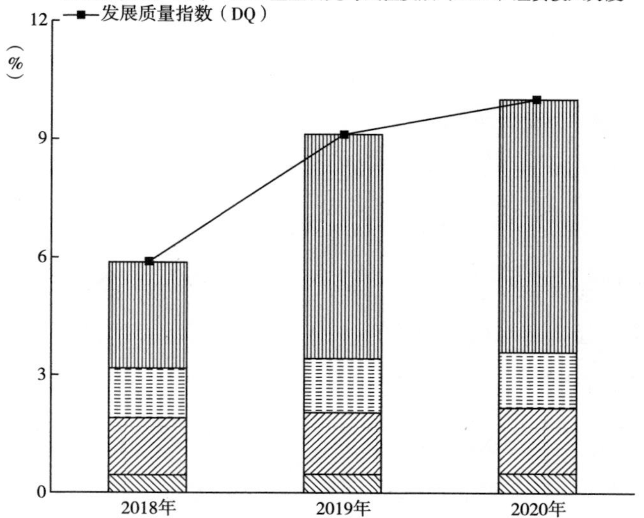

图 7-2　2018~2020 年稀土高新区发展质量（DQ）评估结果

说明：在调研中暂未获取“企业研究与试验发展（R&D）经费投入强度”数据，未予评分。

因素。从各项指标与领跑值的对比来看，碳排放弹性系数优于领跑值，碳排放总量与经济发展呈脱钩态势；能源消费弹性系数在 2020 年不及领跑值，可再生能源使用比例为领跑值的 58%，ED 还有提升空间。

三　资源循环利用指数（RRD）

稀土高新区资源循环利用指数 RRD 约为领跑值的 58%，近年来稳

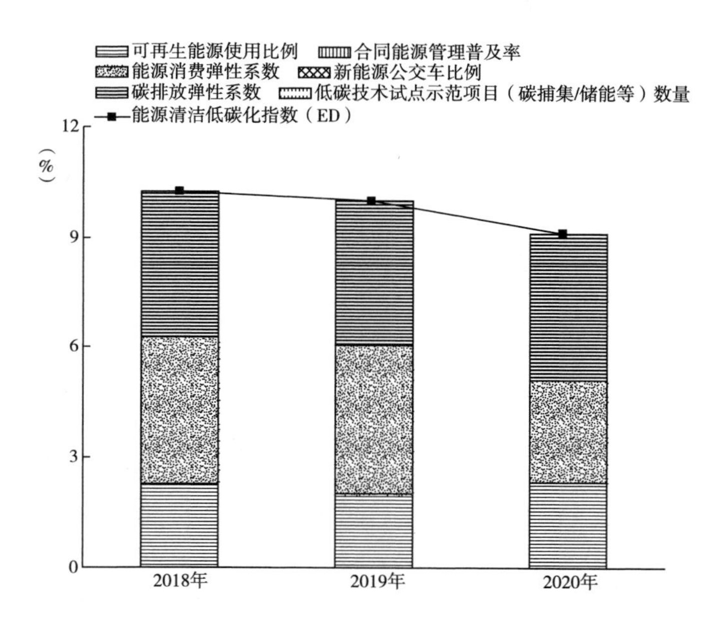

图 7-3　2018~2020 年稀土高新区能源清洁低碳化（ED）评估结果

说明：在调研中暂未获取“合同能源管理普及率”、“新能源公交车比例”和“低碳技术试点示范项目”（碳捕集/储能等）数量三项指标的数据，未予评分。

步提升，从 2018 年的 10.44%上升到 2020 年的 10.52%。其中余热资源回收利用率、再生资源循环利用率和工业用水重复利用率对 RRD 贡献的占比相同，接近 30%（见图 7-4）。由于尚未收集到园区废弃资源回收利用率和再生水（中水）回收利用率的相关数据，暂未考虑两项指标贡献。整体来看，园区在余热、再生资源回收利用和工业用水等方面均取得显著成效，当前余热资源回收利用率、再生资源循环利用率和工业用水重复利用率均已超过领跑值；一般工业固体废物综合利用率与领跑值差距较大，需着力实现一般工业固体废物由处置向资源化利用转变。

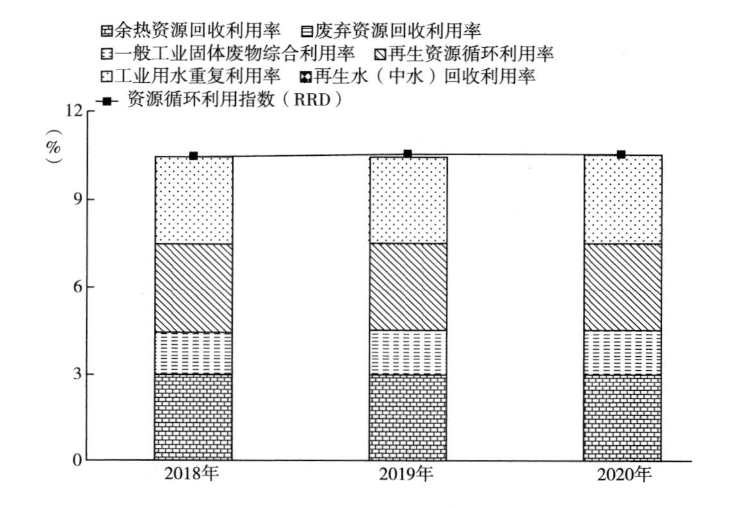

图 7-4　2018~2020 年稀土高新区资源循环利用（RRD）评估结果

说明：在调研中暂未获取“废弃资源回收利用率”和“再生水（中水）回收利用率”数据，未予评分。

四　绿色化进程指数（GD）

稀土高新区绿色化进程指数 GD 约为领跑值的 87%，2018 年到 2020 年 GD 略有提升。各项指标对 GD 的贡献较为均衡，2020 年园区空气质量优良率方面的贡献率最大（25.53%），单位工业增加值废水排放量、重点排放源稳定排放达标情况和主要污染物排放弹性系数贡献力度相同（19.17%），单位工业增加值固废产生量贡献占比最低（见图 7-5）。

从各项指标与领跑值的对比来看，园区空气质量优良率、单位工业增加值废水排放量、重点排放源稳定排放达标情况、主要污染物排放弹性系数和绿化覆盖率均已优于领跑值；单位工业增加值固废产生量与领跑值仍有较大差距，且该指标近年来未明显改善。整体而言，园区绿色化发展水平较高，主要指标不低于领跑值水平。

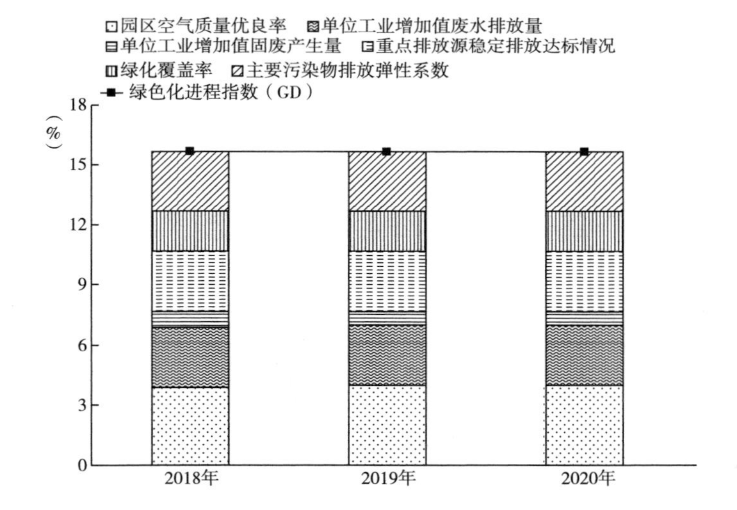

图 7-5　2018~2020 年稀土高新区绿色化进程（GD）评估结果

五　园区建设管理水平指数（C&OD）

稀土高新区园区建设管理水平指数 C&OD 约为领跑值的 60%，2018 年到 2020 年 C&OD 没有提升，从 10.11% 下降至 9.43%（见图 7-6）。鉴于部分指标暂无法评估，园区建设管理水平有待提高。得益于园区较早开展基础设施建设，已具备一站式服务大厅；园区内安全、环境保护管理制度不断完善，近三年来无重大突发事件，上述两项工作贡献了超过一半的 C&OD 值。智慧平台建设仍处于推进过程中，应急管理和环保监测部分平台已建设完成。当前，园区有关货物运输“公转铁”和绿色建筑工作取得明显成效。同时，新能源汽车配套基础设施建设也在加快推进，待掌握补充相关指标统计数据后，C&OD 预期还将有明显变化。

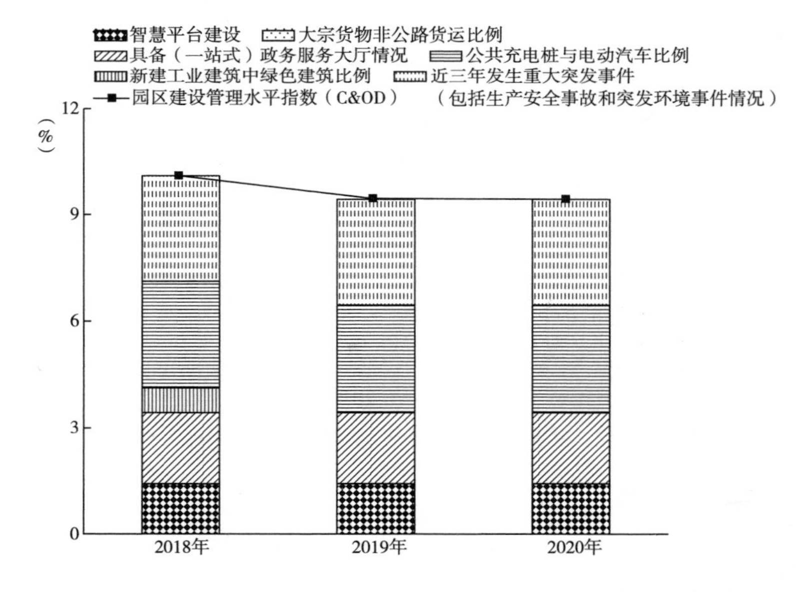

图 7-6　2018~2020 年稀土高新区园区建设管理水平（C&OD）评估结果

说明：“新建工业建筑中绿色建筑比例”缺少 2019 年和 2020 年数据，“大宗货物非公路货运比例”缺少 2018~2020 年数据，故在评价中未计入得分。

六　评估小结

用减污降碳协同增效发展指数 IPSR 来整体反映案例园区减污降碳协同增效发展现状。2018～2020 年，IPSR 保持在 54%左右。2020 年，绿色化进程指数 GD 在各大类指标中对 IPSR 贡献力度最大（达 29%），主要与园区排放源管控方面工作成效显著有关；其次是资源循环利用指数 RRD、发展质量指数 DQ，两者分别贡献 19%和 18%；园区建设管理水平指数 C&OD 和能源清洁低碳化指数 ED 的贡献在 17%左右。

从五个组成方面来看，发展质量指数 DQ 在评价体系中权重最高，而在 IPSR 指数中贡献并不突出，且距离领跑值较远，有很大的提升空间，需要进一步优化产业结构，提升低能耗高效产业占比，提高资源能源产出水平，实现发展质量 DQ 的大幅提升。能源清洁低碳化指数 ED 与领跑值仍有 50%的差距，能源消费弹性系数和碳排放弹性系数的改善主要依赖产业结构升级。而在可再生能源使用比例、合同能源管理普及率、新能源公交车比例、低碳技术试点示范项目（碳捕集/储能等）数量方面可通过实施专项行动而大幅提升，努力向领跑值靠近，提高能源清洁低碳化指数 ED。资源循环利用指数 RRD 与领跑值的差距主要是由于一般工业固体废物综合利用率较低，以及废弃资源回收利用率和再生水（中水）回收利用率等信息的缺失。绿色化进程指数 GD 已接近领跑值，差距需通过降低单位工业增加值固废产生量来补齐，主要污染物排放弹性系数已大幅优于领跑值，需注重减污降碳协同增效。园区建设管理水平指数 C&OD 接近领跑值的 60%，随着园区智慧平台建设以及绿色低碳交通基础设施工作的推进，预期 C&OD 有大幅提升，是所有指标中预期改善情况最明朗的指标（见图 7-7）。

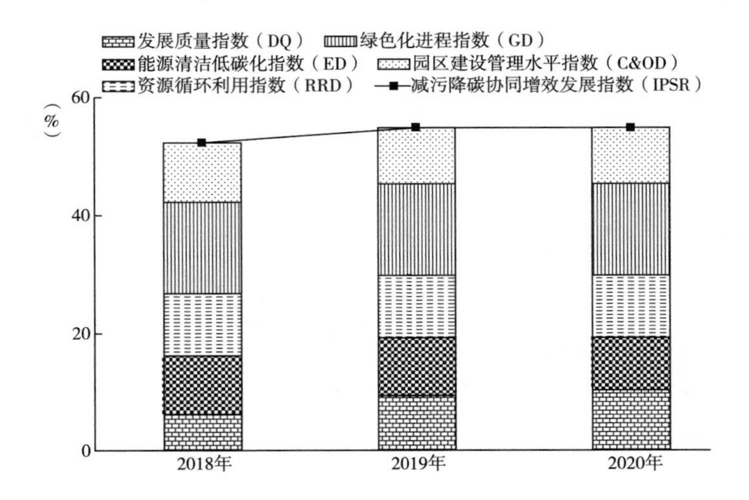

图 7-7　2018~2020 年稀土高新区绿色低碳智慧发展成效评估

当前稀土高新区减污降碳协同增效发展指数偏低，尽管在绿色化进程指标方面表现尚佳，但仍需注重科学治污与精准治污，力求做到减污降碳协同增效；在能源清洁低碳化、资源循环利用和园区建设管理水平等方面表现尚可，仍有提升空间（见图 7-8）。但发展质量指标存在明显不足，尤其体现在能源产出率、碳生产力方面，这两个反映综合发展水平的指标值的提升需要园区在产业布局和能源结构调整方面有所作为。应当以产业升级为关键，提升能源清洁低碳化水平和资源循环利用水平，加强园区建设管理，强化绿色基础设施服务，打造能耗监测、环保监测、安全应急管理、交通物流监测等数字化平台，持续优化园区资源、能源利用效率，在园区实现智慧招商、智慧应急、智慧生产等智慧化发展。

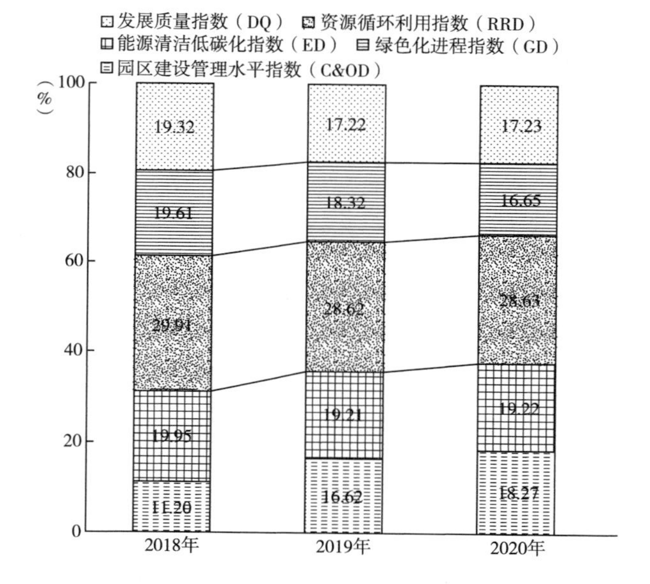

图 7-8　2018~2020 年稀土高新区各方面工作对减污降碳协同增效发展的贡献比例

第八章　工业部门污染物治理协同控制温室气体效应评价

——基于重庆市工业部门的实证分析*

现阶段，我国正面临大气污染防治与温室气体减排的双重压力，推进污染物与温室气体协同控制是以最小化成本实现生态环境保护与应对气候变化目标的重要举措。[①] 近年来，我国在《中华人民共和国大气污染防治法》《“十三五”控制温室气体排放工作方案》《打赢蓝天保卫

---

* 本章曾以《工业部门污染物治理协同控制温室气体效应评价——基于重庆市的实证分析》为题发表于《气候变化研究进展》2021 年第 17 卷第 3 期，收入本书时有修改。

① Scheffe R., Hubbell B., Fox T., et al., “The Rationale for a Multi-pollutant, Multimedia Air Quality Management Framework.” *Air & Waste Management Association* 5, 2007, pp. 14-20.

战三年行动计划》《重点行业挥发性有机物综合治理方案》《工业炉窑大气污染综合治理方案》等法规和政策文件中均明确提出了大气污染物防治与温室气体协同减排的相关要求或总体目标。2017 年 9 月，环境保护部印发了《工业企业污染治理设施污染物去除协同控制温室气体核算技术指南（试行）》（以下简称《指南》），旨在规范污染物与温室气体协同控制核算方法，促进工业企业绿色低碳协同发展。2018 年，应对气候变化职能从国家发展改革委转隶到生态环境部，进一步为推进大气污染物和温室气体协同治理提供了体制机制保障。

自 2001 年 IPCC 发布第三次气候变化评估报告以来，污染物与温室气体协同控制便成为国内外学者关注的重点领域之一。[①] 特别是从 2006 年起，针对污染物与温室气体协同控制的作用机理、政策模拟、效益分析等方面的科学研究和成果日益增多，国内外相关机构以重点行业、典型城市、重大工程等为案例分别开展了协同控制方面的分析研究。[②] 如

---

① 邢有凯、毛显强、冯相昭、高玉冰、何峰、余红、赵梦雪：《城市蓝天保卫战行动协同控制局地大气污染物和温室气体效果评估——以唐山市为例》，《中国环境管理》2020 年第 12 卷第 4 期，第 20~28 页；孙泽亮：《我国高耗能行业节能减排协同效应及影响因素研究》，硕士学位论文，西安建筑科技大学，2020；冯相昭、王敏、梁启迪：《机构改革新形势下加强污染物与温室气体协同控制的对策研究》，《环境与可持续发展》2020 年第 45 卷第 1 期，第 146~149 页；刘杰、刘紫薇、焦珊珊、王丽、唐智亿：《中国城市减碳降霾的协同效应分析》，《城市与环境研究》2019 年第 4 期，第 80~97 页；夏伦娣、杨卫华：《“煤改电”对温室气体与大气污染物的协同减排效益评估》，《节能》2019 年第 38 卷第 11 期，第 142~145 页；姜晓群、王力、周泽宇、董利锋：《关于温室气体控制与大气污染物减排协同效应研究的建议》，《环境保护》2019 年第 47 卷第 19 期，第 31~35 页；吴建平、李彦、杨小力：《促进温室气体和大气污染物协同控制的建议》，《中国经贸导刊（中）》2019 年第 8 期，第 39~41 页。

② 李媛媛、李丽平、冯相昭、刘金森：《污染物与温室气体协同控制方案建议》，《中国环境报》2020 年 7 月 28 日，第 3 版。

李丽平等以湘潭市和攀枝花市为案例研究了“十一五”时期总量减排措施对温室气体减排的协同效应；[①] 冯相昭等评价了重庆市2013年开始实施的大气污染防治政策协同减排温室气体的效果；[②] 顾阿伦等测算了“十一五”时期以来电力、钢铁和水泥行业SO_2的减排效果及其带来的温室气体减排的协同效果；[③] 学者们分别量化了火电、钢铁、水泥行业大气污染与温室气体的协同控制效应。[④] 纵观国内外相关研究可以发现，以高能耗为主要特征的工业部门是大气污染物和温室气体的重要排放源，工业节能和结构减排措施对于协同控制大气污染物与温室气体具有显著效果，而以末端治理为主的工业脱硫脱硝措施会增加温室气体排

---

① 李丽平、周国梅、季浩宇：《污染减排的协同效应评价研究——以攀枝花市为例》，《中国人口·资源与环境》2010年第20卷第S2期，第91~95页；李丽平、姜苹红、李雨青、廖勇、赵嘉：《湘潭市“十一五”总量减排措施对温室气体减排协同效应评价研究》，《环境与可持续发展》2012年第37卷第1期，第36~40页。

② 冯相昭、毛显强：《我国城市大气污染防治政策协同减排温室气体效果评价——以重庆为案例》，载谢伏瞻、刘雅鸣、陈迎、巢清尘、胡国权、潘家华主编《应对气候变化报告（2018）：聚首卡托维兹》，北京：社会科学文献出版社，2018，第181~191页。

③ 顾阿伦、滕飞、冯相昭：《主要部门污染物控制政策的温室气体协同效果分析与评价》，《中国人口·资源与环境》2016年第26卷第2期，第10~17页。

④ 毛显强、曾桉、胡涛、邢有凯、刘胜强：《技术减排措施协同控制效应评价研究》，《中国人口·资源与环境》2011年第21卷第12期，第1~7页；毛显强、邢有凯、胡涛、曾桉、刘胜强：《中国电力行业硫、氮、碳协同减排的环境经济路径分析》，《中国环境科学》2012年第32卷第4期，第748~756页；Mao X. Q., Zeng A., Hu T., et al., “Co-control of Local Air Pollutants and CO_2 from the Chinese Coal-fired Power Industry.” *Journal of Cleaner Production* 67, 2014, pp. 220-227；刘胜强、毛显强、胡涛、曾桉、邢有凯、田春秀、李丽平：《中国钢铁行业大气污染与温室气体协同控制路径研究》，《环境科学与技术》2012年第35卷第7期，第168~174页；Feng X. Z., Lugovoy O., Qin H., “Co-controlling CO_2 and NO_x Emission in China’s Cement Industry: An Optimal Development Pathway Study.” *Advances in Climate Change Research* 9, 2018, pp. 34-42。

放。不过截至目前，鲜有学者对工业企业不同污染治理技术措施协同控制温室气体进行量化评估和实证分析，绝大多数专家对于末端治理措施影响温室气体排放的判断仅停留在定性描述层面。

本研究结合生态环境部 2018 年在重庆市组织开展的工业企业污染治理协同控制温室气体核算试点工作，以 NO_x 为例（NO_x 是影响区域 $PM_{2.5}$和 O_3复合大气污染的重要前体物），定量评估了 NO_x 去除协同控制 CO_2的效应，识别了协同控制的关键影响因素，以期为重庆市乃至国内其他地区工业领域开展大气污染物与温室气体协同控制提供决策参考。

第一节　数据来源及研究方法

一　数据来源

选择重庆市为案例地区，主要采用分层抽样方法获取涉 NO_x 排放的工业企业样本。首先，以《国民经济行业分类》（GB/T4754—2017）06-44 类别为行业范围，将各行业 NO_x 产生量的占比情况从高到低排列，将累计占比超过 70%的行业列为重点行业。其次，将包含在重点行业中且配套污染治理设施的企业认定为重点企业。最后，按照行业小类和企业规模（大、中、小）对重点企业进行分层，每层随机抽取 10%的企业，得到有效样本企业共计 19 家，分属 4 个行业大类，涉及 46 套 NO_x 污染治理设施。调查企业基本情况见表 8-1 和表 8-2。

表 8-1　分行业样本企业基本情况

单位：家，套

行业大类	行业小类	企业数量	设施数量
电力、热力、燃气及水生产和供应业	环境卫生管理行业	1	4
	火力发电行业	5	15
	其他电力生产行业	1	2
非金属矿物制品业	玻璃包装容器制造行业	2	3
	玻璃纤维及制品制造行业	1	5
	平板玻璃制造行业	1	2
	水泥制造行业	5	12
医药制造业	医药中间体制造行业	1	1
造纸和纸制品业	机制纸及纸板制造行业	2	2

表 8-2　分工艺样本企业基本情况

单位：家，套

治理工艺	脱硝剂种类	企业数量	设施数量
选择性催化还原技术（SCR）	氨水	6	17
	尿素	2	3
选择性非催化还原技术（SNCR）	氨水	7	14
	尿素	4	12

二　研究方法

本研究主要参考《指南》规定的核算方法，同时为客观评价协同控制的定量效果，结合国内外相关研究①提出了污染物与温室气体协同

① 孙泽亮：《我国高耗能行业节能减排协同效应及影响因素研究》，硕士学位论文，西安建筑科技大学，2020；姜晓群、王力、周泽宇、董利锋：《关于温室气体控制与大气污染物减排协同效应研究的建议》，《环境保护》2019 年第 47 卷第 19 期，第 31~35 页。

度的概念。

（一）污染物去除量核算

废气治理活动水平数据主要包括污染物产生量和排放量，优先采用物料衡算法获取，若无法采用物料衡算法，则选用最新的产排污系数进行核算。污染物去除量（R_{pi}）核算如下：

$$R_{pi} = O_{pi} - D_{pi} \tag{8-1}$$

其中，O_{pi}和D_{pi}分别为 NO_x 的产生量和经废气治理设施后的排放量（吨）。

（二）温室气体排放量核算

温室气体排放活动水平数据包括脱硝工艺消耗的脱硝还原剂数量，以及废气治理设施消耗的电量。温室气体排放量核算采用排放因子法，本文只核算 CO_2排放量，核算指标包括工艺过程 CO_2排放量（$E_{denitration}$）、电力间接 CO_2排放量（$E_{electricty}$）、CO_2排放总量（E_{total}），单位均为吨。

$$E_{denitration} = R_{pi} \times F_{CO_2} \tag{8-2}$$

$$E_{electricity} = H_{pi} \times H_{CO_2} \tag{8-3}$$

$$E_{total} = E_{denitration} + E_{electricity} \tag{8-4}$$

其中，F_{CO_2}为脱硝剂发生化学反应时，减排 1 个单位 NO_x 时产生 CO_2的系数（采用推荐值，脱硝剂为尿素时，$F_{CO_2} = 0.73$），脱硝剂为氨水时，不涉及工艺过程 CO_2排放；H_{pi}为废气治理设施消耗的电力（兆瓦时）；H_{CO_2}为电网平均排放因子，单位为吨CO_2/兆瓦时，采用排放因子推荐值（具体参见《指南》）。

（三）协同度计算

将协同度定义为去除单位污染物对应的温室气体减排量，表示污染物去除过程中协同控制温室气体的效果。协同度为负值，表示协同效果是负的；协同度为正值，则代表协同效果为正，值越大，正协同效果越好。由于所选行业企业均采用末端处理方式减排NO_x，涉及电力消耗和化石燃料消耗，而这两部分均产生CO_2排放，故对应的协同度实为负值。工艺过程协同度（$S_{denitration}$）、电力间接协同度（$S_{electricity}$）和总协同度（S_{total}）采用企业均值，计算方法如下：

$$S_{denitration} = -E_{denitration}/R_{pi} \tag{8-5}$$

$$S_{electricity} = -E_{electricity}/R_{pi} \tag{8-6}$$

$$S_{total} = -E_{total}/R_{pi} \tag{8-7}$$

第二节　研究结果与分析

一　分行业协同控制温室气体的效应分析

样本企业NO_x去除量共计70993.49吨，耗电量共计23287.24兆瓦时，脱硝剂消耗量共计76019.96吨，其中，尿素年消耗量共计4292.54吨。从分行业类别NO_x去除量（见表8-3）看，火力发电行业NO_x去除量的占比最高，为 52.7%；其次是水泥制造业和平板玻璃制造业，占比分别为 35.7%和 5.0%；医药中间体制造业和玻璃纤维及制品制造业的占比最低（在 1.0%及以下）。从脱硝剂消耗情况看，水泥制造业和火力发电行业的脱硝剂消耗量占比最高，分别达 66.5%和 17.1%；平板玻璃制造业和机制纸及纸板制造业次之，分别为 8.1%和 4.9%。从电力消耗情况看，火力发电行业和玻璃包装容器制造业的电力消耗量占比最高，分别为 70.2%和 15.0%；其次是水泥制造业，为 7.7%。医药中间体制造业和玻璃纤维及制品制造业的脱硝剂和电力消耗占比最低（不到 10%）。需要注意的是，火力发电行业和环境卫生管理行业消耗的脱硝剂中尿素消耗量占比最高，分别达 45.3%和 31.9%。

样本企业去除 NO_x 过程中产生的 CO_2 排放量为 18012.12 吨，其中工艺过程和电力间接的 CO_2 排放量分别为 5669.90 吨和 12342.22 吨。图 8-1 为分行业类别 CO_2 排放情况，火力发电行业排放量最高（62.7%）；机制纸及纸板制造业和玻璃包装容器制造业占比也较高，均在 10%左右；医药中间体制造业、玻璃纤维及制品制造业占比最低，均不到 1.0%。进一步分析电力间接和工艺过程的 CO_2 排放情况可以发现，玻璃包装容器制造业、平板玻璃制造业、水泥制造业、医药中间体制造业由于去除 NO_x 过程中未使用尿素而不涉及工艺过程温室气体排放；火力发电行业、玻璃包装容器制造业的电力间接 CO_2 排放占比分别达到 76.7%和 49.8%；环境卫生管理行业、其他电力生产业以工艺过程 CO_2 排放为主。

表 8-3 分行业类别 NO_x 去除量及脱硝剂和电力消耗量

单位：吨，兆瓦时

行业大类	行业小类	脱硝剂消耗量		耗电量	NO_x 去除量
		氨水	尿素		
电力、热力、燃气及水生产和供应业	环境卫生管理行业	0.00	1369.50	537.21	765.81
	火力发电行业	11065.41	1943.98	16351.95	37380.62
	其他电力生产业	0.00	488.00	160.00	754.70
非金属矿物制品业	玻璃包装容器制造业	634.00	0.00	3492.67	224.99
	玻璃纤维及制品制造业	0.00	125.15	97.12	71.14
	平板玻璃制造业	6121.13	0.00	785.16	3541.21
	水泥制造业	50533.88	0.00	1782.90	25352.83
医药制造业	医药中间体制造业	48.00	0.00	6.57	11.78
造纸和纸制品业	机制纸及纸板制造业	3325.00	365.91	73.66	2890.41

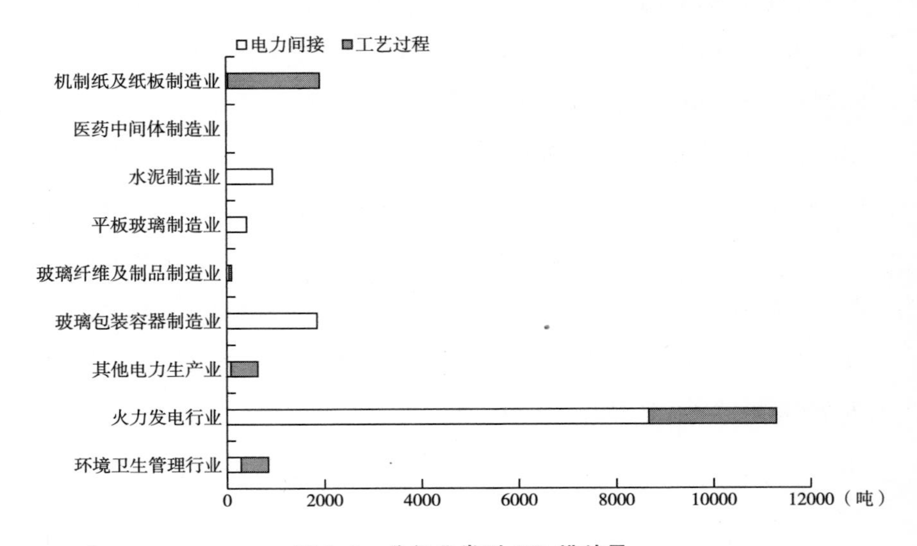

图 8-1 分行业类别 CO_2 排放量

样本企业总协同度为-1.811，即去除1吨NO_x对应的温室气体增排量为1.811吨。其中，工艺过程协同度为-0.238，电力间接协同度为-1.573。分行业类别来看，非金属矿物制品业中，除玻璃纤维及制品制造业外，其余3个行业小类均只涉及电力间接温室气体排放，水泥制造业的负协同效果最小，玻璃包装容器制造业的负协同效果最大；电力、热力、燃气及水生产和供应业总协同度为-0.595，3个行业小类均涉及电力间接和工艺过程温室气体排放，其中，火力发电行业的负协同效果绝对值最小，电力间接协同度和工艺过程协同度分别为-0.280和-0.146，环境卫生管理行业的负协同效果最大；医药中间体制造业、机制纸及纸板制造业的总协同度分别为-0.296和-0.386（见图8-2）。

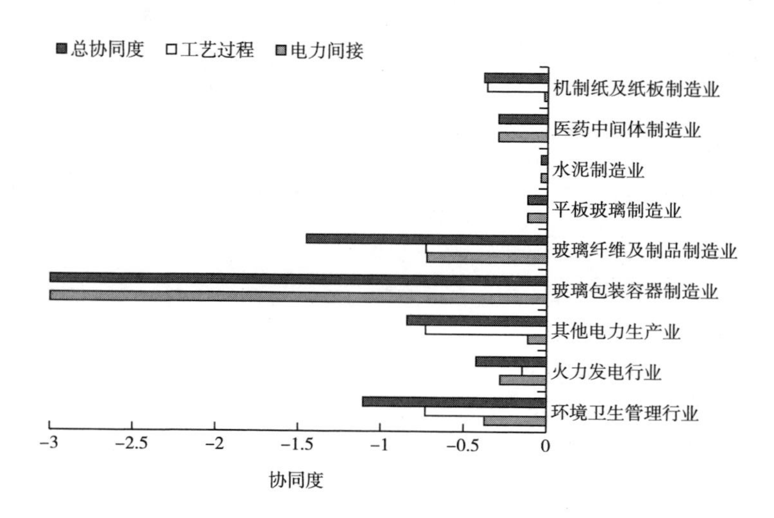

图8-2　分行业类别NO_x去除协同控制温室气体的效果

二 分治理工艺协同控制温室气体的效应分析

从分治理工艺 NO_x 去除量及脱硝剂和电力消耗情况来看，采用SCR技术的废气治理设施 NO_x 去除量占比为58.0%，消耗了88.6%的电力和45.3%的尿素；采用SNCR技术的废气治理设施 NO_x 去除过程中消耗的电量远不及SCR技术，选择的脱硝剂种类以氨水为主，其氨水消耗占氨水消耗总量的75.2%（见表8-4）。从 CO_2 排放量（见图8-3）来看，采用SCR技术的废气治理设施产生的 CO_2 占 CO_2 排放总量的75.3%，其中，选择尿素为脱硝剂的废气治理设施涉及工艺过程和电力间接 CO_2 排放，两者排放量占比相当，合计占比为37.3%；采用SNCR技术的废气治理设施 CO_2 排放相对较少，以选择尿素为脱硝剂的废气治理设施对应的 CO_2 排放为主，占比高达78.5%。

表8-4 分治理工艺 NO_x 去除量及脱硝剂和电力消耗量

单位：吨，千瓦时

治理工艺	脱硝剂		耗电量	NO_x 去除量
	种类	消耗量		
SCR	氨水	17820.54	16053.50	37547.77
	尿素	1943.98	4576.28	3599.05
SNCR	氨水	53906.88	1807.42	25678.73
	尿素	2348.56	850.04	4167.94

SCR技术和SNCR技术对应的总协同度分别为-3.419和-0.573，即后者负协同效果总体上小于前者。从分治理工艺 NO_x 去除协同控制温室气体排放的效果来看，采用SNCR技术且脱硝剂为氨水的协同度

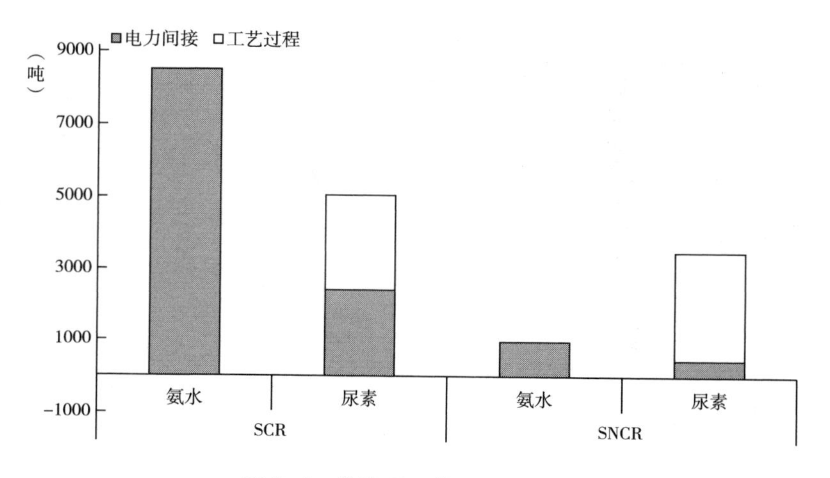

图 8-3 分治理工艺 CO_2 排放量

为-0.056，负协同效果最小（见图 8-4），涉及的企业和治理设施在样本企业和治理设施中的占比分别为 37%和 30%；而采用 SCR 技术且脱硝剂为氨水的负协同效果最大（协同度为-3.775）。电力间接协同度表现为 SNCR-氨水>SNCR-尿素>SCR-尿素>SCR-氨水，说明采用 SNCR 技术且脱硝剂为氨水的电力间接负协同效果最小，采用 SCR 技术且脱硝剂为氨水的电力间接负协同效果最大，与总协同度结果一致；选择氨水为脱硝剂的废气治理设施不涉及工艺过程温室气体排放，其协同效果为零，治理技术不同但脱硝剂为尿素的工艺过程协同度均为-0.730。采用 SNCR 技术且选择氨水等非尿素类脱硝剂有助于减少工艺过程和电力间接温室气体排放，相关企业和治理设施占比在 1/3 左右。

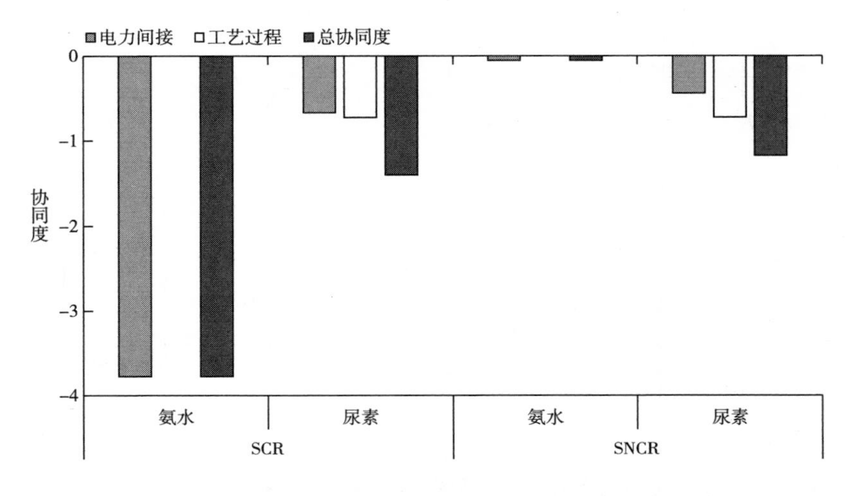

图 8-4 分治理工艺 NO_x 去除协同控制温室气体的效应

三 工业部门 NO_x 减排对区域 CO_2 排放总量的影响分析

由重庆市工业源 NO_x 排放量及上述结果，可推算重庆市工业企业 NO_x 去除过程中产生的 CO_2 排放量占区域能源活动 CO_2 排放总量的比重。首先，根据重庆市 2017 年环境统计公报，工业源 NO_x 排放量为 8.67 万吨，采用样本企业 NO_x 平均去除率 77%，得到 2017 年重庆市工业企业 NO_x 去除量共计 29.03 万吨。基于总协同度-1.811，得到 2017 年重庆市工业企业 NO_x 去除过程中排放的 CO_2 总量为 52.57 万吨。最后，根据能源品种消费量以及折标煤系数和碳排放系数，得到重庆市 2017 年能源活动 CO_2 排放总量为 17363.64 万吨，工业企业 NO_x 去除过

程 CO_2排放在能源活动 CO_2排放总量中的占比仅为 0.3%。

近年来，我国强调并逐步推动环境治理模式从末端治理向源头和全过程控制转变，但由于多地 $PM_{2.5}$问题还未彻底解决且 O_3污染呈现上升态势，末端治理在未来一段时间内仍将是提升局部大气环境质量的重要举措。上述结果在一定程度上说明大气污染物末端治理虽然会产生 CO_2排放，但是这部分 CO_2排放在区域温室气体排放总量中的占比很低。由此可见，不能因为大气污染物末端治理会产生 CO_2排放而否认末端治理的成效，但也需通过各种途径减少末端治理过程中排放的 CO_2，即进一步降低负协同效果。

四　基于电力碳排放因子变化的协同度情景分析

电力间接协同效果与治理设施运行消耗的电量以及电力碳排放因子有关。针对电力碳排放因子，设置不变（基准情景）、降低 1%（情景 1）和降低 5%（情景 2）这三个情景，计算各情景下的污染物去除协同控制 CO_2的效果（见表 8-5 和表 8-6）。电力碳排放因子降低 1%和降低 5%后，样本企业的总协同度分别由基准情景的-1.811 升高至-1.795 和-1.731，即协同效果分别较基准情景提高 8.9%和 4.6%。分行业类别来看，非金属矿物制造业的负协同度效果分别较基准情景改善 1.0%和 4.7%，其中，玻璃包装容器制造业、平板玻璃制造业均分别较基准情景上升 1.0%和 5.0%；电力、热力、燃气及水生产和供应业的总协同度分别升至-0.592 和-0.581，其中，火力发电行业的负协同效果改善最明显；电力碳排放因子提高对医药中间体制造业的改善效果最大，对机制纸及纸板制造业负协同效果的改善效果最小。分治理工艺看，均表现为选择氨水为脱硝剂的废气治理设施协同效果改善幅度最大，如电力碳排放因子降低5%后，两种技术协同效果分别较基准情景提高5.0%和3.6%。

表8-5 基于电力碳排放因子的分行业类别协同度情景分析

行业大类	行业小类	协同度		
		基准情景	情景1	情景2
电力、热力、燃气及水生产和供应业	环境卫生管理行业	-1.105	-1.101	-1.086
	火力发电行业	-0.426	-0.423	-0.412
	其他电力生产业	-0.842	-0.841	-0.837
非金属矿物制品业	玻璃包装容器制造业	-20.589	-20.383	-19.559
	玻璃纤维及制品制造业	-1.453	-1.446	-1.417
	平板玻璃制造业	-0.117	-0.116	-0.112
	水泥制造业	-0.039	-0.038	-0.037
医药制造业	医药中间体制造业	-0.296	-0.293	-0.281
造纸和纸制品业	机制纸及纸板制造业	-0.386	-0.386	-0.385

表8-6 基于电力碳排放因子的分治理工艺协同度情景分析

治理工艺	脱硝剂种类	协同度		
		基准情景	情景1	情景2
SCR	氨水	-3.775	-3.738	-3.587
	尿素	-1.402	-1.395	-1.368
SNCR	氨水	-0.056	-0.056	-0.054
	尿素	-1.176	-1.171	-1.154

第三节 结论与讨论

重庆市有极个别样本企业废气治理和温室气体排放活动水平数据存

在不一致等问题，虽然对采集到的数据进行了合理筛选，但统计核算结果仍可能存在不确定性。从重庆市核算试点分析结果来看，不同行业 NO_x 去除协同控制 CO_2 的效果存在较大差异，且不同治理工艺的协同效果也各不相同。主要结论如下。

（1）以末端治理为手段的 NO_x 减排对协同控制 CO_2 的效果为负。样本企业去除 NO_x 协同控制 CO_2 的效果即总协同度为-1.811，其中，工艺过程协同度和电力间接协同度分别为-0.238 和-1.573。分行业类别来看，水泥制造业的负协同效果最小，玻璃包装容器制造业的负协同效果最大，与不同行业生产工艺、清洁化生产程度及污染物治理工艺不同有关，下一步可重点关注玻璃包装容器制造业、玻璃纤维及制品制造业以及电力、热力、燃气及水生产和供应业 NO_x 去除协同控制 CO_2 的效果。分治理工艺来看，采用 SNCR 技术且脱硝剂为氨水的总协同度为-0.056，负协同效果最小，有助于减少 CO_2 排放，但相关企业和治理设施占比仅在 1/3 左右，下一步需加强企业污染治理技术选择引导。由于工艺过程 CO_2 排放主要与脱硝剂使用种类及其消耗量有关，选择氨水等非尿素类脱硝剂有助于减少工艺过程 CO_2 排放，可通过减少尿素使用降低工业企业污染物去除协同控制 CO_2 的负协同效果。

（2）鉴于大多工业企业温室气体排放核算基础薄弱，不具备提供企业年度 CO_2 排放核算数据的条件，所以无法评价污染治理设施新增 CO_2 排放在工业企业 CO_2 排放总量的占比情况。2017 年重庆市工业企业 NO_x 去除过程中排放的 CO_2 为 52.57 万吨，占当年能源活动 CO_2 排放总量的 0.3%。因此，不能因为末端治理会产生 CO_2 排放而否认其成效，但也需通过各种途径降低末端治理过程中的负协同效果。

（3）在电力碳排放因子分别降低1%和5%的情景下，样本企业协同效果分别较基准情景改善8.9%和4.6%。分行业类别来看，非金属矿物制造业的负协同效果改善最为明显，分别较基准情景改善1.0%和4.7%，机制纸及纸板制造业改善效果最小。分治理工艺来看，SCR和SNCR技术均表现为选择氨水为脱硝剂的废气治理设施的负协同效果改善幅度最大。由于电力间接温室气体排放主要与治理设施运行消耗的电量以及所在区域电力碳排放因子有关，且电力排放因子降低后，负协同效果将会有较大改善，因此下一步可着重加强对大气污染治理设施的节能节电绩效管理以及推动区域电源结构低碳化进程。

加强地方环保部门协同控制能力建设，对于促进工业企业大气污染物和温室气体协同减排意义重大。一方面，要探索将温室气体核算关键指标纳入环境统计的可行性，促进常规环境统计核算与温室气体清单编制的协同管理；另一方面，要将大气污染防治与产业结构优化升级、工业企业绿色低碳发展的客观要求相结合，推动大气污染物与温室气体协同控制技术的研发和应用。

第九章　交通部门污染物与温室气体协同控制研究*

交通运输是大气污染物与温室气体排放的重要来源。随着我国工业化进程的深入推进，水泥、钢铁等重点行业碳排放即将步入峰值平台期，交通部门的节能减排问题将日益凸显，开展交通领域大气污染物与温室气体协同减排研究对于实现能源、环境和气候变化综合管理具有重要意义。为此，本研究以我国交通部门污染物与温室气体协同治理为切入点，开展道路、铁路、水运、航空和管道运输等各子部门未来需求预测，并运用能源技术模型（LEAP），通过构建基准情景、污染减排情景、绿色低碳情景和强化低碳情景，模拟分析我国交通领域能源需求、污染物及碳排放趋势。

---

* 本章曾以《中国交通部门污染物与温室气体协同控制模拟研究》为题发表于《气候变化研究进展》2021 年第 17 卷第 3 期，收入本书时有修改。

近年来，我国客运、货运周转量不断增长，交通能源消费需求持续攀升，交通运输领域的节能减排和温室气体控制形势愈发严峻。据统计，2016年交通部门能源消费指数居各部门第一；2006~2016年，我国交通业CO_2排放增长了94%,[①] 碳排放强度年均增长6.3%,[②] SO_2、NO_x、PM等污染物排放形势严峻。为此，我国积极采取各项措施推动交通领域节能减排。[③] 以道路交通部门为例，自"十二五"以来累计出台了近百项节能减排政策措施，诸如淘汰黄标车和老旧汽车、购置新能源汽车可享税收优惠等，颁布行业节能减排标准数十项，推进机动车污染物排放标准、燃油耗限值标准和油品质量标准不断升级。2015年新修订的《中华人民共和国大气污染防治法》明确提出，要推行区域大气污染联合防治，对多种大气污染物和温室气体实施协同控制，移动源排放也不例外。

现阶段，我国在交通领域污染物排放研究方面相对成熟，而受限于国内交通部门能源统计基础薄弱的客观情况，关于交通领域的碳排放研究起步尚晚，且主要集中在碳排放时空分布特征分析、影响因素识别以及未来发展趋势等方面。如李玮等[④]、白静[⑤]、卢升荣等[⑥]针对交通运输业碳排放的时空分布规律及区域差异情况进行分

---

① CO_2 Emissions From Fuel Combustion, IEA, Oct., 2018 (Paris).

② 结合IEA碳排放数据以及《中国统计年鉴》数据推算得出。

③ 冯相昭、蔡博峰：《中国道路交通系统的碳减排政策综述》，《中国人口·资源与环境》2012年第22卷第8期，第10~15页。

④ 李玮、孙文：《省域交通运输业碳排放时空分布特征》，《系统工程》2016年第34卷第11期，第30~38页。

⑤ 白静：《中国基础设施隐含碳时空变化特征及驱动因素研究》，博士学位论文，兰州大学，2019。

⑥ 卢升荣、蒋惠园、刘瑶：《交通运输业CO_2排放区域差异及影响因素》，《交通运输系统工程与信息》2017年第17卷第1期，第32~39页。

析，指出交通碳排放总量空间上呈“东中西”递减特征，区域间差异是引起碳排放强度差异的重要方面；范育洁等①将能源强度、人均GDP识别视为影响交通碳排放的主要因素；景美婷②、陈亮等③分别通过构建不同情景，对未来交通碳排放趋势进行了分析和预测。同时，也有不少学者针对交通污染物与碳排放协同效应进行分析。如吴潇萌④基于机动车污染物与碳排放数据，通过构建多个减排情景，分析了我国道路机动车的节能减排效益；谭琦璐等⑤以京津冀区域为案例，通过计算不同减排措施下能耗、温室气体和污染物排放削减情况，判断比较不同政策情景下的协同减排效应。通过文献研究发现，长期能源可替代规划系统模型（LEAP）作为一种基于情景分析的能源-经济-环境综合模型，被许多学者用于模拟分析交通能源需求、政策评估等问题。如池莉⑥、于灏等⑦、周健等⑧等对不同交通方式的

---

① 范育洁、曲建升、张洪芬、徐丽、白静、吴金甲：《西北五省区交通碳排放现状及影响因素研究》，《生态经济》2019年第35卷第9期，第32~37、67页。

② 景美婷：《京津冀区域交通运输业碳排放驱动因子分解及预测研究》，硕士学位论文，天津理工大学，2019。

③ 陈亮、王金泓、何涛、周志华、李巧茹、杨文伟：《基于SVR的区域交通碳排放预测研究》，《交通运输系统工程与信息》2018年第18卷第2期，第13~19页。

④ 吴潇萌：《中国道路机动车空气污染物与CO_2排放协同控制策略研究》，博士学位论文，清华大学，2016。

⑤ 谭琦璐、杨宏伟：《京津冀交通控制温室气体和污染物的协同效应分析》，《中国能源》2017年第39卷第4期，第25~31页。

⑥ 池莉：《基于LEAP模型的北京市未来客运交通能源需求和污染物排放预测》，硕士学位论文，北京交通大学，2014。

⑦ 于灏、杨瑞广、张跃军、汪寿阳：《城市客运交通能源需求与环境排放研究——以北京为例》，《北京理工大学学报》（社会科学版）2013年第5期，第10~15页。

⑧ 周健、崔胜辉、林剑艺、李飞：《基于LEAP模型的厦门交通能耗及大气污染物排放分析》，《环境科学与技术》2011年第34卷第11期，第164~170页。

能源消费问题进行了研究，Yan 等[①]对道路交通部门各措施的节能减排潜力进行了分析，潘鹏飞[②]、Peng 等[③]分别从城市层面模拟分析了交通污染减排问题，He 等[④]从国家层面，预测我国交通整体能耗，进而得出了新能源汽车推广对于节约能源消耗和减少污染排放起到重要作用的结论。

然而，目前我国交通领域污染物与温室气体协同控制研究主要集中在城市范围，主要针对道路、铁路等个别交通子部门，探讨全国层面多个交通子部门的协同减排效应，对于宏观政策设计，实现能源、环境与气候变化综合治理具有重要现实意义。为弥补已有研究空缺，本研究针对我国道路交通、铁路、民航、内河航运和管道等不同子部门开展未来需求预测，并运用能源技术模型，基于减排技术和政策选择设置不同情景，模拟各交通子部门能源消费、污染物与温室气体协同控制效果，分析我国交通部门能源消费和碳排放达峰情况，探索交通领域绿色低碳发展路径，以期为决策部门提供技术支持。

---

① Yan X. , Croodes R. J. , "Reduction poteatials of Energy damoond and GHG Emissions in China's rood fomsport sector." Energy Policy 37 (2), 2009, pp. 658-668.

② 潘鹏飞：《基于 LEAP 模型的河南省交通运输节能减排潜力分析》，硕士学位论文，河南农业大学，2014。

③ Peng B. , Du H. , Ma S. , et al. , "Urban Passenger Transport Energy Saving and Emission Reduction Potential: A Case Study for Tianjin, China." *Energy Conversion & Management* 102, 2015, pp. 4-16.

④ He L. Y. , Chen Y. , "Thou Shalt Drive Electric and Hybrid Vehicles: Scenario Analysis on Energy Saving and Emission Mitigation for Road Transportation Sector in China." *Transport Policy* 25, 2013, pp. 30-40.

第一节　研究方法

一　模型方法

LEAP 模型由瑞典斯德哥尔摩环境研究所（SEI）与美国波士顿大学共同研发，本研究利用 LEAP 模型模拟预测多情景下交通领域未来能源消费、CO_2和主要污染物排放等的变化。为分析老旧汽车淘汰等政策措施实施效果，对车辆类型、燃料品种等进行细分（见图 9-1）。本研究的时间区间为 2015~2050 年（基年为 2015 年），主要分析汽油、柴油、天然气（含压缩天然气 CNG 和液化天然气 LNG）、电力、氢燃料等能源类型。数据主要来源于《中国统计年鉴》和《中国能源统计年鉴》，以及生态环境部机动车排污监控中心、国际能源署等机构相关报告。

交通需求预测是道路交通模拟分析的关键参数。目前主要预测方法分为有饱和水平限制与无饱和水平限制两种，① 其中有饱和水平限制的 Gompertz 模型表现为 S 形曲线，可以描述机动车拥有量与收入之间的非线性关系，应用较广。

本研究对于未来交通需求预测的过程具体如下。

（1）人口和人均 GDP 预测，基于中国科学院可持续发展战略研究组对中国未来 GDP 及人口发展预测结果计算；

---

① 朱松丽：《私人汽车拥有率预测模型综述》，《中国能源》2005 年第 27 卷第 10 期，第 37~40 页。

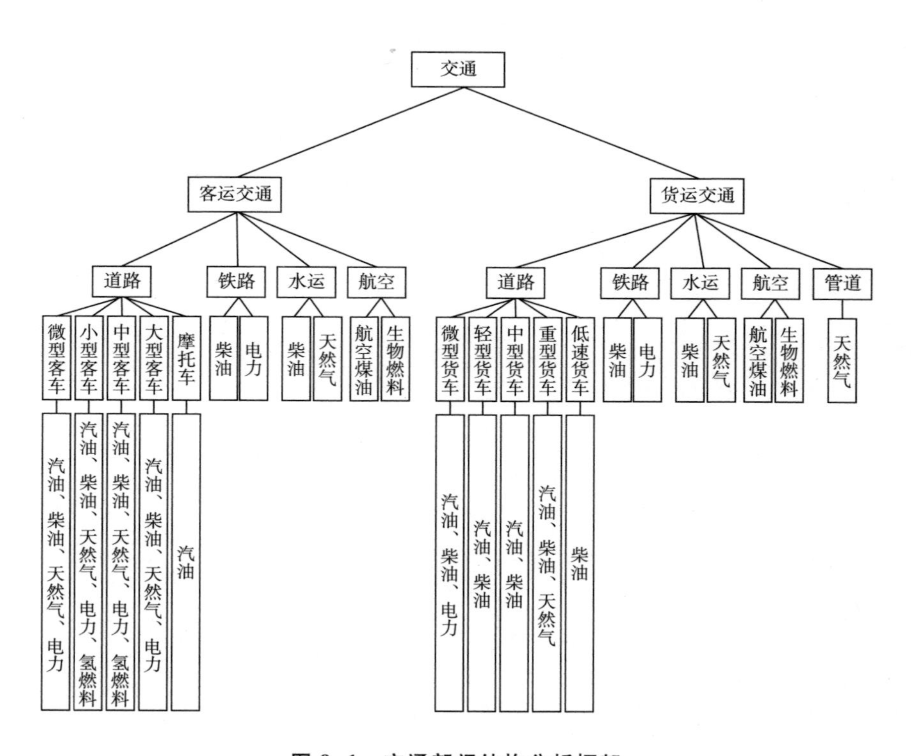

图 9-1　交通部门结构分析框架

（2）私家车周转量预测，采用 Gompertz 模型［式（9-1）］，结合文献中乘载率、年均行驶里程及分车型的保有量占比等数据计算：

$$V_t = \gamma e^{\alpha e^{\beta X}} \tag{9-1}$$

式中，V_t 为 t 时刻车辆/人口之比的均衡水平（每千人拥有的车辆数，辆/千人），X_t 为 t 时刻的人均 GDP（万元/人），γ 为机动车拥有率的饱和水平（每千人拥有的车辆数，辆/千人），而 α 和 β 则是确定曲线形状的参数，一般为负值。

（3）总交通需求预测，基于 2000~2019 年《中国统计年鉴》数据，采用回归分析法估算各交通子部门所占比例，进而得到周转量预测结果（见图 9-2、图 9-3）。

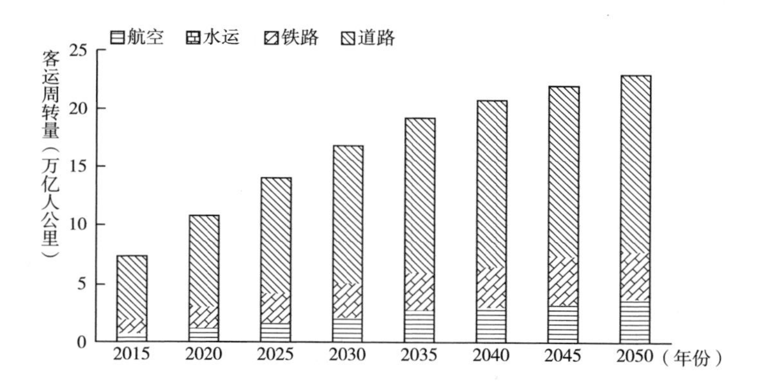

图 9-2　中国交通部门客运周转量及未来预测

现与其他学者对我国交通部门需求预测结果进行比较，刘俊伶等①的研究结果显示，2050 年我国交通部门客运周转量为 24.3 万亿人公里，货运周转量为 77.0 万亿吨公里。本研究对于我国 2050 年客运周转量的预测结果为 23.1 万亿人公里（见图 9-2），货运周转量预测结果为

① 刘俊伶、孙一赫、王克、邹骥、孔英：《中国交通部门中长期低碳发展路径研究》，《气候变化研究进展》2018 年第 14 卷第 5 期，第 513~521 页。

93.6 万亿吨公里（见图 9-3），可知本研究客运周转量预测结果相近，货运周转量结果略高。

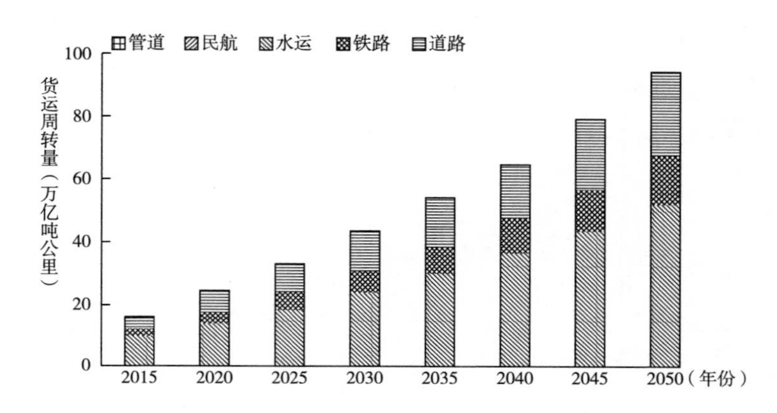

图 9-3　中国交通部门货运周转量及未来预测

二　情景构建

本研究主要构建基准、污染减排、绿色低碳和强化低碳 4 个情景（见表 9-1）。其中，基准情景将车队结构、用能结构、能耗强度冻结在 2015 年；污染减排情景考虑了淘汰老旧车辆、排放标准升级、“公转铁”、“公转水”等政策；绿色低碳情景考虑了周转量能效水平提升，用能结构优化（天然气、氢燃料、生物航油等替代燃料发展，纯电动汽车推广和电力机车应用）；强化低碳情景的周转量能耗强度进一步下降，用能结构进一步优化。

表 9-1　情景设置情况描述

类别		基准情景	污染减排情景	绿色低碳情景	强化低碳情景
客运交通	道路	分车型周转量占比与2015年保持一致；营运车辆与社会车辆占比结构不变；老旧车辆未发生提前淘汰；车用燃料结构保持不变；纯电动车比重保持在2015年较低水平	营运车辆：国Ⅲ及以下、国Ⅳ、国Ⅴ汽车分别在2020年、2025年和2035年全部淘汰； 社会车辆：国Ⅲ及以下、国Ⅳ、国Ⅴ汽车分别在2020年、2030年和2040年全部淘汰； 单位能源消耗排放的NO_x、SO_2、$PM_{2.5}$和PM_{10}到2050年减少50%，CO和HC减少20%； 积极开展大型客车交通需求“公转铁”，与基准情景相比，到2035年、2050年分别实现2%和4%的转换比例	在污染减排情景基础上，燃油汽车比重下降，纯电动和氢燃料汽车比重上升；其中，纯电动汽车方面，到2050年，微型出租车、社会车辆占比分别提高至80%和40%，小型出租车、社会车辆占比分别为60%和35%，中型营运车辆、社会车辆占比分别为55%和50%，大型营运车辆、社会车辆占比分别为60%和50%； 氢燃料汽车方面，到2050年，小型出租车、社会车辆占比分别为0.2%和0.1%，中型营运车辆、社会车辆占比分别为1.0%和0.1%	燃油汽车比重进一步下降，纯电动和氢燃料汽车比重进一步上升；其中，纯电动汽车方面，到2050年，微型出租车、社会车辆占比分别提高至85%和50%，小型出租车、社会车辆占比分别为70%和40%，中型营运车辆、社会车辆占比分别为60%和55%，大型营运车辆、社会车辆占比分别为70%和60%； 氢燃料汽车方面，到2050年，小型出租车、社会车辆占比分别为1.0%和0.2%，中型营运车辆、社会车辆占比分别为1.5%和0.2%

续表

类别		基准情景	污染减排情景	绿色低碳情景	强化低碳情景
客运交通	铁路	单位客运周转量能耗水平、内燃机车和电力机车承担客运需求占比、铁路用能结构与2015年保持一致	在“公转铁”政策驱动下，与基准情景相比，到2035年、2050年铁路客运周转量分别增加2.5%和4.0%； 内燃机车污染物排放系数减小，即单位能源消耗排放的NO_x、SO_2、$PM_{2.5}$和PM_{10}到2050年减少50%，CO和HC减少20%	在污染减排情景基础上，到2050年单位客运周转量能效水平提升30%； 铁路用能结构优化，电气化铁路承担的客运量由2015年的62%提高到2050年的80%	到2050年单位客运周转量能效水平提升50%； 铁路用能结构优化，2050年电气化铁路承担的客运量提高至90%
	水运	单位客运周转量能耗水平、燃油燃气船舶承担客运需求占比、水运用能结构与2015年保持一致	燃油燃气船舶污染物排放系数减小，即单位能源消耗排放的NO_x、SO_2、$PM_{2.5}$和PM_{10}到2050年减少50%，CO和HC减少20%	在污染减排情景基础上，到2050年单位客运周转量能效水平提升30%； 水运用能结构优化，燃气船舶承担的客运量由2015年的0%提高到2050年的10%	到2050年单位客运周转量能效水平提升50%； 水运用能结构优化，2050年燃气船舶承担的客运量提高至20%
	航空	单位客运周转量能耗水平、航空燃料结构与2015年保持一致	航空飞行器常规污染物排放系数减小，即单位能源消耗排放的NO_x到2050年减少50%，CO和HC减少20%	在污染减排情景基础上，到2050年单位客运周转量能效水平提升30%； 航空用能结构优化，生物燃料航空飞行器承担的客运量由2015年的0%提高到2050年的5%	到2050年单位客运周转量能效水平提升50%； 航空用能结构优化，2050年生物燃料飞机承担的客运量提高至10%

续表

类别		基准情景	污染减排情景	绿色低碳情景	强化低碳情景
货运交通	道路	分车型周转量占比与2015年保持一致；老旧车辆未发生提前淘汰；车用燃料结构保持不变；LNG货车比重保持在2015年的较低水平	国Ⅲ及以下、国Ⅳ、国Ⅴ汽车分别在2020年、2030年和2040年全部淘汰；单位能源消耗排放的NO_x、SO_2、$PM_{2.5}$和PM_{10}到2050年减少50%，CO和HC减少20%；积极开展重型车货运需求"公转铁"和"公转水"，与基准情景相比，到2050年分别实现5%和4%的转换比例	在污染减排情景基础上，燃油汽车比重下降，替代燃料汽车比重上升；其中，到2050年，纯电动汽车在微型货车、轻型货车中占比分别为35%和15%，LNG汽车在重型车中占比为60%	燃油货车比重进一步下降，纯电动和LNG汽车比重进一步上升；其中，到2050年，纯电动汽车在微型货车、轻型货车中占比分别为50%和20%，LNG汽车在重型车中占比为70%
	铁路	单位货运周转量能耗水平、内燃机车和电力机车承担货运需求占比、铁路用能结构与2015年保持一致	在"公转铁"政策驱动下，与基准情景相比，到2035年、2050年铁路货运周转量分别增加3%和5%；内燃机车污染物排放系数减小，即单位能源消耗排放的NO_x、SO_2、$PM_{2.5}$和PM_{10}到2050年减少50%，CO和HC减少20%	在污染减排情景基础上，到2050年单位货运周转量能效水平提升30%；铁路用能结构优化，电气化铁路承担的货运量由2015年的62%提高到2050年的80%	到2050年单位货运周转量能效水平提升50%；铁路用能结构优化，2050年电气化铁路承担的货运量提高至90%

续表

类别		基准情景	污染减排情景	绿色低碳情景	强化低碳情景
货运交通	水运	单位货运周转量能耗水平、燃油燃气船舶承担货运需求占比、水运用能结构与2015年保持一致	在“公转水”政策驱动下，与基准情景相比，到2035年、2050年水运货运周转量分别增加2%和4%；燃油燃气船舶污染物排放系数减小，即单位能源消耗排放的NO_x、SO_2、$PM_{2.5}$和PM_{10}到2050年减少50%，CO和HC减少20%	在污染减排情景基础上，到2050年单位货运周转量能效水平提升30%；水运用能结构优化，燃气船舶承担的货运量由2015年的0%提高到2050年的10%	到2050年单位货运周转量能效水平提升50%；水运用能结构优化，2050年燃气船舶承担的货运量提高至20%
	航空	单位货运周转量能耗水平、航空燃料结构与2015年保持一致	航空飞行器常规污染物排放系数减小，即单位能源消耗排放的NO_x到2050年减少50%，CO和HC减少20%	在污染减排情景基础上，到2050年单位货运周转量能效水平提升30%；航空用能结构优化，生物燃料航空飞行器承担的货运量由2015年的0%提高到2050年的5%	到2050年单位货运周转量能效水平提升50%；航空用能结构优化，2050年生物燃料飞机承担的货运量提高至10%
	管道	单位货运周转量能耗水平与2015年保持一致	单位能源消耗排放的NO_x、SO_2、$PM_{2.5}$和PM_{10}到2050年减少50%，CO和HC减少20%	在污染减排情景基础上，到2050年单位货运周转量能效水平提升30%	到2050年单位货运周转量能效水平提升50%

三　基年数据校准

2015 年交通用能和碳排放模型模拟结果为：交通用能约 4.11 亿吨标煤当量，其中客运 3.29 亿吨，货运 0.82 亿吨；CO_2排放总量 8.19 亿吨（未包括电力间接排放量），其中客运 6.59 亿吨，货运 1.61 亿吨。分部门具体测算结果如表 9-2 所示。

表 9-2　基年能源消费与 CO_2排放核算

项目	部门	客运交通	货运交通	合计
能源消费量（百万吨标煤）	汽油	271.0	2.2	273.2
	柴油	25.7	65.3	91.0
	CNG	7.0	—	7.0
	LNG	5.6	0.4	6.0
	航空煤油	18.4	7.3	25.7
	电力	1.1	6.5	7.6
	合计	328.8	81.7	410.5
CO_2排放量（百万吨）	汽油	544.5	4.5	549.0
	柴油	55.2	140.3	195.5
	CNG	11.4	—	11.4
	LNG	9.2	0.7	9.9
	航空煤油	38.2	15.2	53.4
	合计	658.5	160.7	819.2

由于我国尚缺乏交通领域分部门分燃料的能耗和碳排放数据，本研究主要参考国际能源署（IEA）发布的道路交通能源消费数据和 CO_2排放数据进行基年数据校准。据 IEA 数据，2015 年我国道路交通部门能

源消耗量和碳排放量分别为 2.89 亿吨油当量（折合 4.13 亿吨标煤当量）和 8.27 亿吨 CO_2（未包括电力间接排放量），与本研究模拟结果相近，模型基年数据校准通过。

第二节　结果与分析

一　能源消费

从消费总量看，2015~2050 年在基准情景下，由于没有新的政策驱动和节能减排约束，交通能源消费呈持续快速增长态势；在污染减排和绿色低碳情景下，交通能源消费将有所减少；在强化低碳情景下，交通部门能源消费将以 6.49 亿吨标煤的规模在 2037 年达峰，在 2045 年之后能源消费逐步回落（见图 9-4）。2050 年，基准情景下能源消费总量达 14.92 亿吨标煤，相当于 2015 年能源消费的 3.61 倍；污染减排情景较基准情景减少 3.68 亿吨标煤，绿色低碳情景进一步减少，强化低碳情景下，能源消费为 6.33 亿吨标煤（见图 9-4、图 9-5）。

从燃料构成与部门结构看，汽油、柴油和航空煤油等化石燃料未来仍将主导整个交通能源消费结构（见图 9-6）；客运交通仍将作为交通部门能源消费的主要贡献者，特别是客运道路（见图 9-7）。

二　CO_2排放

从排放总量来看，在基准情景下，交通需求持续快速增长，由于交通用能严重依赖汽柴油，加上没有碳减排约束，CO_2 排放增长迅速，

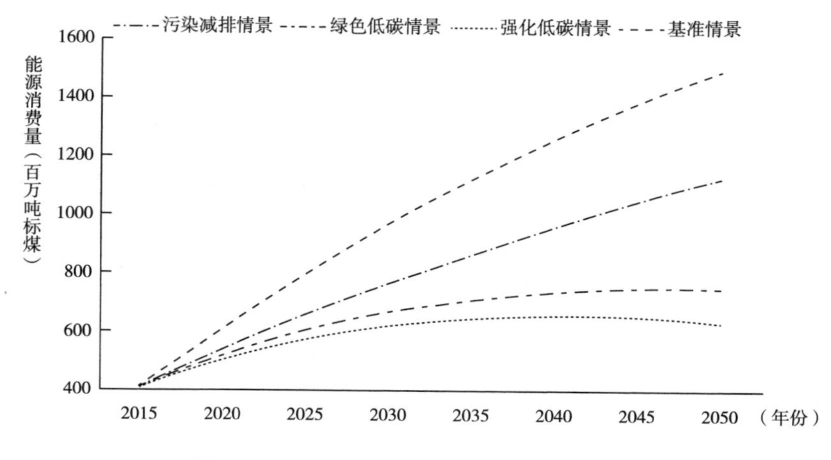

图 9-4　不同情景下交通部门能源消费趋势

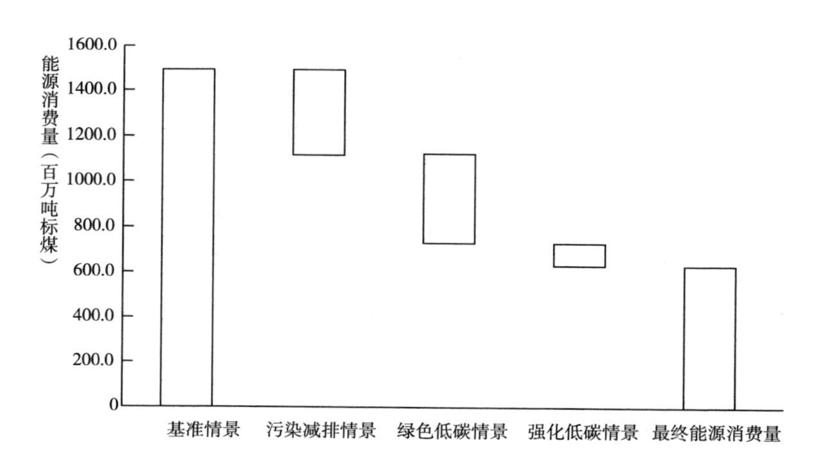

图 9-5　2050 年不同情景下交通部门能源消费量

2050 年交通部门 CO_2 排放约为 2015 年的 3.6 倍；在污染减排情景下，与基准情景相比，2050 年交通部门 CO_2 减排 7.4 亿吨；在绿色低碳和强

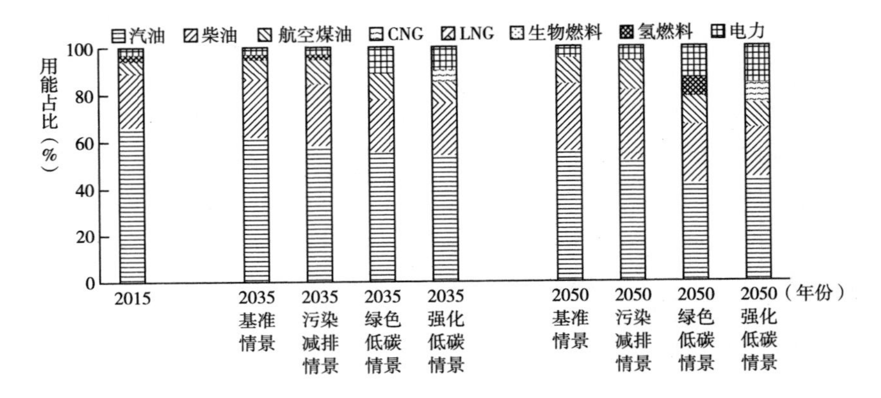

图 9-6　交通用能结构

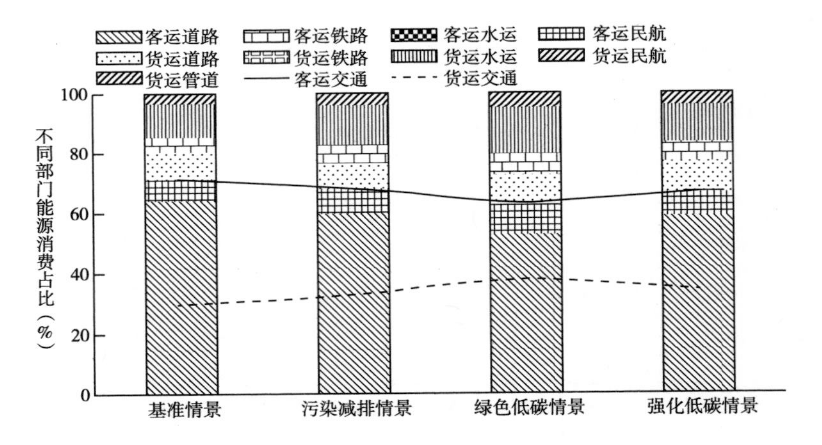

图 9-7　2050 年不同情景下各部门能源消费占比

化低碳情景下，交通部门的 CO_2 排放较基准情景分别减排 56.6% 和 65.4%。具体见图 9-8 所示。

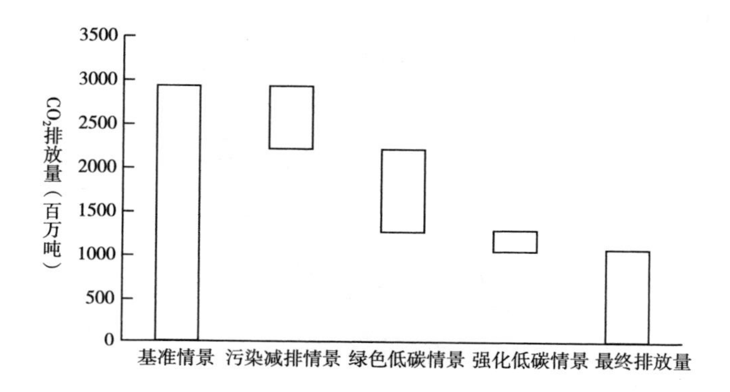

图 9-8　2050 年不同情景下交通部门 CO_2 排放情况

从部门排放特征来看，2050 年，客运交通仍是 CO_2 排放的最大贡献者，其中道路交通部门作为化石燃料的重要消费者，CO_2 排放占比始终保持在高位（见图 9-9）。从排放的燃料结构来看，交通部门 CO_2 排放主要来自成品油燃烧消耗。2050 年，在基准情景和污染减排情景下，成品油使用直接排放的 CO_2 仍高达 97.7%；在绿色低碳和强化低碳情景下，汽柴油和航空煤油使用导致的 CO_2 直接排放占比分别下降至 94.0% 和 92.5%。2050 年，不同情景下交通部门 CO_2 排放情况如图 9-9 所示。

三　污染物排放

从排放总量来看，在基准情景下，交通部门污染物排放增长迅速，2050 年 NO_x 和 $PM_{2.5}$ 排放分别为 2015 年的 5.3 倍和 5.2 倍；在污染减排情景下，2050 年 NO_x 和 $PM_{2.5}$ 排放较基准情景分别减少 566 万吨

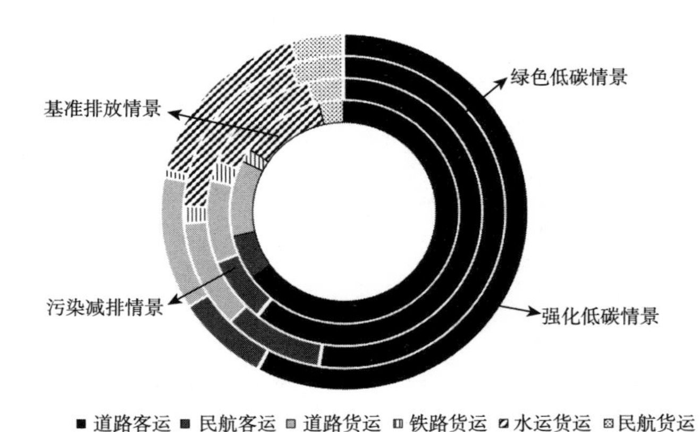

图 9-9　2050 年不同情景下交通各子部门 CO_2 排放占比

说明：铁路客运、水运客运和管道货运排放占比过小，在图中未展示。

和 18.5 万吨；在绿色低碳和强化低碳情景下，污染物排放进一步下降，NO_x 排放量分别下降至 298.5 万吨和 207.8 万吨，$PM_{2.5}$排放量分别下降至 8.8 万吨和 6 万吨。

从部门构成来看，2050 年，货运交通仍是 NO_x 排放的最大贡献者，其中由燃油船舶主导的货运水运占比最高。在基准情景下，货运交通排放占比为 84.6%，较基年上升 4.4 个百分点，其中内河货运占比为 63%；在污染减排情景下，尽管货运排放总量大幅下降，但其排放占比攀升至 86.9%，高于基准情景 2.3 个百分点；在绿色低碳和强化低碳情景下的货运排放占比也不断提高，分别为 88.4%和 88.3%，其中货运水运和客运是重要贡献者（见图 9-10）。

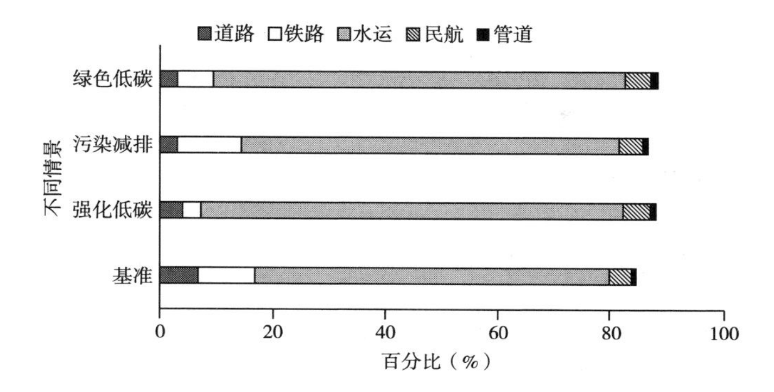

图 9-10　2050 年不同情景下货运交通各子部门 NO_x 排放占比

第三节　讨论与结论

一　讨论

考虑到污染物与温室气体排放具有同根同源特性，本研究以交通部门为切入点，探讨污染物与温室气体的协同治理，与其他单一种类对象的研究相比，主要差异表现在以下几方面。

（1）综合运用 Gompertz 模型及计量经济学等多种方法预测未来交通需求，并与相关研究进行对比分析，增加预测结果的可靠性。

（2）采用 LEAP 模型，根据政策实践及技术发展实际情况，构建了基准、污染减排、绿色低碳和强化低碳 4 种情景，充分反映了我国交通领域未来发展趋势。

（3）在模型模拟分析过程中将交通领域细分为道路、铁路、航客、水运和管道等多个子部门，分析结果更为全面、具体。

需要补充说明的是，在模型基准年数据校准过程中，由于我国交通领域分部门分燃料的能耗和碳排放数据较少，本研究主要参考国际能源署（IEA）数据，尚存在一定不确定性。

二　结论与建议

从能源消费和 CO_2 排放总量来看，基准情景下交通能源消费呈现持续快速增长态势；污染减排情景和绿色低碳情景下的交通能源消费有所减少；在强化低碳情景下，交通部门能源消费将在 2037 年达峰；同时，基准情景和污染减排情景下的 CO_2 排放无法达峰；在绿色低碳情景下，2040 年将以 13.3 亿吨排放实现达峰；在强化低碳情景下，可提前 5 年（2035 年）达峰（峰值 11.8 亿吨）。

从能源消费和 CO_2 排放结构来看，道路交通部门能源消费占比虽呈下降态势，但仍然是交通部门能源消费的主要贡献者，同时 CO_2 排放占比较高。

从 NO_x 和 $PM_{2.5}$ 协同减排程度来看，分时限淘汰老旧汽车、“公转铁”、“公转水”和污染物排放标准升级等政策性减排措施将大幅减少道路交通部门污染物排放，通过推广替代燃料汽车（LNG 重型车、纯电动汽车和氢燃料汽车）、LNG 船舶，发展生物航油技术，提高汽车燃油经济性等技术性措施，交通部门污染物排放将进一步下降。特别就 NO_x 减排而言，货运交通作为最大贡献者，随着“公转铁”“公转水”等措施的推进，内河航运、铁路货运将成为重点减排对象，逐步提高交通工具排放标准势在必行。

基于以上分析讨论，针对交通部门污染物与温室气体协同控制，就推动交通行业绿色低碳发展提出如下建议。一是从节能降碳角度，客运交通要加强对小型客车特别是私家车以及民航客运运输需求的监管，货运方面要加强对道路交通和水运的节能降耗管理，特别是针对货运道路，要加强车辆节油管理，合理选择车辆类型，有效调度、配载道路货物运输，建立货物配载体系等，降低货运道路能耗水平。二是从协同减排污染物角度，货运交通首先要通过优化船舶燃料结构、提高污染物排放标准，减少水运 NO_x 和 $PM_{2.5}$排放；其次要通过逐步提高污染物排放标准、积极推进“公转铁”“公转水”政策措施落实，减少道路货运重型货车常规污染物排放。客运交通要通过“公转铁”、积极推广替代燃料汽车等措施加强对道路交通特别是大型客车的监管。三是从达峰目标管理角度，要综合采用优化交通运输结构、优化交通用能结构、降低运输能源消耗强度、提升污染治理效率等政策行动，实现交通部门污染物与温室气体协同减排效果，促进我国交通运输部门及其各自部门的绿色低碳发展进程，为完成中国政府在第 75 届联合国大会上提出的“努力争取 2060 年前实现碳中和”目标贡献交通领域的力量。

第十章　无水印刷技术协同减排污染物与温室气体评估*

无水印刷技术作为印刷行业源头替代的重要技术之一，主要适用于出版物印刷、包装印刷等平版印刷，在国际上已得到了普遍应用。

第一节　印刷行业污染物及温室气体排放情况及治理政策

本研究以某印刷企业为案例，开展企业层面引进无水印刷技术后VOCs与CO_2协同减排评估，通过实地监测和公开文献获取数据，进行实证研究。结果表明，与基准情景相比，采用无水印刷技术和安装末端治

---

* 本章曾以《无水印刷技术协同减排污染物与温室气体案例评估》为题发表于《气候变化研究进展》2021年第17卷第3期，收入本书时有修改。

理设施均能减少 VOCs 排放量，但采用无水印刷技术后 VOCs 的减排效果更佳，减排率为 60%左右；采用无水印刷技术后 CO_2排放量显著减少，安装末端治理设施则会增加 CO_2排放量；以无水印刷为代表的源头替代技术可以实现 VOCs 和 CO_2的协同减排。此外，在经济成本方面，使用无水印刷技术后，能够节省人力成本，润版液供水装置、管理费等成本也可实现削减；与有水印刷相比，生产效率提高 16%，纸张使用量减少 30%。

一　我国印刷行业污染物与温室气体排放情况

近几年，我国印刷行业保持稳步增长的态势，已成为继美国、日本、欧盟之后的全球第四大印刷市场。印刷工艺主要有平版印刷、凸版印刷（包括柔版）、凹版印刷和孔版印刷，常见的工艺流程一般包括：调墨、印刷、烘干、复合等。印刷、烘干以及印后加工工序是产生 VOCs 的重要环节，印刷过程中使用的油墨、清洁剂、洗车水含有有机溶剂，润版液也常用有机溶剂作为添加剂，印后使用黏合剂的复合过程、印后的覆膜工序和上光工序也会造成大量的 VOCs 排放。印刷过程中产生的乙酸乙酯、甲苯、二甲苯、丙酮等多类物质具有毒性，会对人体呼吸系统、肝脏和神经系统造成极大的危害。同时，这类物质也具有较强的光化学活性，可引发光化学烟雾、有机气溶胶和近地层臭氧浓度过高等，导致区域环境空气质量恶化。

虽然印刷工艺各不相同，但是 VOCs 来源和排放方式基本一样，一般来源于所使用的大量原辅材料，如油墨、清洗剂、稀释剂、润版液和黏合剂等。排放途径一般包括油墨调配过程溶剂挥发、印刷过程油墨溶剂挥发和烘干阶段、印后复合过程及设备清洗过程等（见图 10-1）。

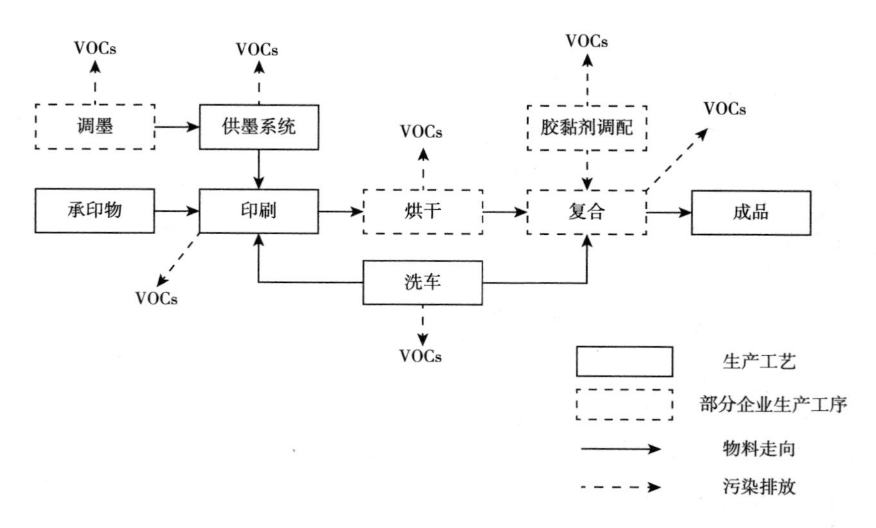

图 10-1　印刷生产工艺流程中主要 VOCs 产生环节

此外，有些企业印刷车间密闭性较差，未配备有效的污染治理设施，无组织排放较严重。配备了处理设施的企业，有些气体收集效率低，污染治理设施及配备的排气筒不规范，导致 VOCs 排放量较大。据了解，2018 年，我国印刷行业 VOCs 排放量约 120 万吨，其中包装印刷行业 VOCs 排放总量估算为 85 万吨，约占印刷行业排放总量的 70%。其中，VOCs 排放贡献最大的部门是软包装复合胶黏剂，占 32.49%，其余依次是油墨清洗剂、油墨稀释剂、凹印油墨、其他胶黏剂、胶印油墨和其他油墨；若按工艺类别划分，复合工艺、印刷设备清洗活动、凹印工艺及热固胶印工艺，是最主要的污染源，应该进行重点控制。

二　我国印刷行业污染物与温室气体治理政策与技术

（一）VOCs 排放控制体系日趋完善

近年来，我国正在采取积极措施防治大气污染和应对气候变化，并陆续出台了一系列污染物和温室气体协同控制的政策法规。例如，《中华人民共和国大气污染防治法》提出“对颗粒物、二氧化硫、氮氧化物、挥发性有机物、氨等大气污染物和温室气体实施协同控制”；2017 年 9 月，环境保护部发布《工业企业污染治理设施污染物去除协同控制温室气体核算技术指南（试行）》；2018 年 6 月，《中共中央 国务院关于全面加强生态环境保护坚决打好污染防治攻坚战的意见》明确提出“对固定污染源实施全过程管理和多污染物协同控制”；生态环境部也出台了《打赢蓝天保卫战三年行动计划》，提出要“经过 3 年努力，大幅减少主要大气污染物排放总量，协同减少温室气体排放”。

为加快推进 VOCs 综合治理进程，2017 年，环境保护部联合发展改革委、财政部等印发《“十三五”挥发性有机物污染防治工作方案》，以京津冀及周边、长三角、珠三角等区域为重点，以石化、化工、工业涂装、包装印刷等重点行业为主要控制对象，建立 VOCs 污染防治长效机制。2019 年，为进一步深入实施《“十三五”挥发性有机物污染防治工作方案》，提高挥发性有机物治理的科学性、针对性和有效性，协同控制温室气体排放，生态环境部发布《重点行业挥发性有机物综合治理方案》，提出 VOCs 控制思路和石油、化工、工业涂装、包装印刷、油品储运销重点行业具体治理要求。

针对 VOCs 的污染控制，以“行业+综合”的 VOCs 排放标准体系正在逐步形成。在国家层面，截至 2019 年已经出台了 17 项标准（见表 10-1），其中 VOCs 排放主要行业标准 11 项，与 VOCs 相关的标准 6 项。此外，北京、上海和广东等地相继出台了一系列控制 VOCs 的地方标准，其中北京已发布 14 项、上海已发布 9 项、广东已发布 6 项。在印刷行业 VOCs 控制上，地方标准先于国家标准，目前已有 10 个省市出台了印刷行业地方标准（见表 10-2），在印刷行业 VOCs 污染控制领域发挥了积极作用。

表 10-1　我国 VOCs 排放标准

序号	标准名称	标准编号
1	《储油库大气污染物排放标准》	GB20950-2007
2	《汽油运输大气污染物排放标准》	GB20951-2007
3	《加油站大气污染物排放标准》	GB20952-2007
4	《合成革与人造革工业污染物排放标准》	GB21902-2008
5	《橡胶制品工业污染物排放标准》	GB27632-2011
6	《石油炼制工业污染物排放标准》	GB31570-2015
7	《石油化学工业污染物排放标准》	GB31571-2015
8	《合成树脂工业污染物排放标准》	GB31572-2015
9	《挥发性有机物无组织排放控制标准》	GB37822-2019
10	《制药工业大气污染物排放标准》	GB37823-2019
11	《涂料、油墨及胶粘剂工业大气污染物排放标准》	GB37824-2019
12	《恶臭污染物排放标准》	GB14554-1993
13	《大气污染物综合排放标准》	GB16297-1996
14	《炼焦化学工业污染物排放标准》	GB16171-2012
15	《轧钢工业大气污染物排放标准》	GB28665-2012
16	《电池工业污染物排放标准》	GB30484-2013
17	《烧碱、聚氯乙烯工业污染物排放标准》	GB15581-2016

表 10-2　地方出台的印刷行业 VOCs 排放标准

省市	标准名称	标准号
广东省	《印刷行业挥发性有机化合物排放标准》	DB44/815-2010
天津市	《工业企业挥发性有机物排放控制标准》	DB12/524-2014
北京市	《印刷业挥发性有机物排放标准》	DB11/1201-2015
上海市	《印刷业大气污染物排放标准》	DB31/872-2015
河北省	《工业企业挥发性有机物排放控制标准》	DB13/2322-2016
陕西省	《挥发性有机物排放控制标准》	DB61/T1061-2017
四川省	《固定污染源大气挥发性有机物排放标准》	DB51/2377-2017
重庆市	《包装印刷业大气污染物排放标准》	DB50/758-2017
山东省	《挥发性有机物排放标准第 4 部分：印刷业》	DB37/2801. 4-2017
湖南省	《印刷业挥发性有机物排放标准》	DB43/1357-2017

（二）印刷行业治理技术不断完善

我国印刷行业 VOCs 治理主要包括源头治理和末端治理，其中以末端治理为主。源头治理主要是采用无 VOCs 或低 VOCs 的原辅材料来减少 VOCs 的输入量，实现整个生产过程中 VOCs 的减排，目前水性油墨、水性黏合剂、UV 印刷等低 VOCs 绿色原辅材料已在研发和应用，并取得了初步成效。针对末端治理，主要是采用活性炭吸附、光催化、等离子、吸附浓缩和催化燃烧等技术实现 VOCs 的达标排放。随着 VOCs 污染排放控制政策法规和管理制度体系的逐步建立，进行末端治理的代价提高，企业应从源头上减少 VOCs 的使用量和排放量。企业加强源头削减，能够明显减少污染气体的排放量，大大降低治理的难度和成本且协同控制效应更优。

无水印刷技术作为印刷行业源头替代的重要技术之一，指刷版工序中不使用显像液、印刷工序中不使用润版液，意味着显像液和润版液的制造和处理成本为零，与此相关的 CO_2排放量也为零。美国、德国和日本等国家的印刷企业很早就开始使用无水印刷技术，并取得了显著效果。1977年，在作为印刷技术发源地的德国，实施了“无水印刷”的印刷业者聚集到杜塞尔多夫，组成了欧洲的无水印刷协会。1992年，美国弗吉尼亚州环保局制作了“无水印刷”的奖励宣传片，鼓励印刷业者严格遵守规定，使用“无水平版”，刺激了全美的印刷业。在日本，丰田、日产、国土交通省、欧姆龙、精工电子等企业和行政部门发布的印刷品上也都使用了无水印刷技术。在日本使用无水印刷技术后，可减少约80%的VOCs排放量，还可减少污染土壤的废液排放，具有显著的环境效益。

总体来看，协同控制有利于降低大气污染防治和温室气体减排的总成本，且温室气体与大气污染物在行业排放贡献率上高度协同，协同减排潜力巨大。印刷行业是VOCs排放的重要来源之一，迫切需要在采用源头替代和末端治理等不同技术情景下，了解VOCs减排和CO_2协同减排的情况，以为行业政策制定提供支撑。

因此，本研究以某印刷企业为案例，在企业引进无水印刷技术后，开展企业污染物与温室气体减排协同效应评估，从而为我国印刷行业VOCs与温室气体协同减排政策制定提供支撑。

第二节　情景设定及方法构建

一　案例选取

考虑到无水印刷技术主要适用于出版物印刷、包装印刷等平版印刷，本章选取的印刷企业以某出版物印刷为主，其具备将生产线改为无水印刷的条件，此外，该企业建成了集气罩收集→活性炭吸附→高位排放工艺的末端处理装置。尽管安装末端处理装置后，该企业的 VOCs 排放能达到地方大气污染排放标准，但其运行与维护对经营成本与其他环境负荷方面产生了负面问题，具体包括：（1）集中废气收集系统造成电力消费以及温室气体排放增加（为了保持车间的温湿度稳定，就必须加大空调负荷）；（2）受生产工况以及淡旺季影响，印刷企业很难实时掌握活性炭饱和情况以及更换时机。废弃活性炭造成了二次污染物（固体危险废弃物）的大量产生。

二　情景设置

基于数据的可获得性和研究内容，本研究设定了 3 种技术情景，将采用有水印刷但未安装末端治理设施作为基准情景（见表 10-3）；将核算边界确定为平版印刷的承印物到出现成品的过程，核算的时间为企业一年的运行情况。

表 10-3　评估技术情景

技术情景	具体措施
基准情景	采用有水印刷，无末端治理设施
技术 1	采用有水印刷，有末端治理设施
技术 2	采用无水印刷，无末端治理设施

三　研究方法

（一）VOCs 减排量

VOCs 减排量根据《工业企业污染治理设施污染物去除协同控制温

室气体核算技术指南（试行）》进行核算，计算出有水印刷条件（有末端治理设施和无末端治理设施）和无水印刷条件下 VOCs 的排放量，分别去除基准情景下 VOCs 的排放量，从而得出不同技术情景下 VOCs 减排量。

其中，基准情景和技术 1 情景下 VOCs 的排放量采用物料衡算法进行计算，根据原辅材料消耗量、不同物质含 VOCs 率（%），具体公式如下。

基准情景：

$$D_{VOCs} = \sum_{k=1}^{n} m_k \times q_k \tag{10-1}$$

——D_{VOCs}为有水印刷条件下，基准情景下 VOCs 的排放量，单位为 kg；

——m_k 为有水印刷基准情景下，第 k 种原辅材料消耗量，单位为 kg；

——q_k 为第 k 种原辅材料含 VOCs 率，单位为%；

——n 为核算时段内有效监测数据数量，量纲一。

技术 1 情景：

$$Y_{VOCs} = \sum_{k=1}^{n} m_k \times q_k \times \rho \tag{10-2}$$

——Y_{VOCs}为有水印刷条件下，有末端治理设施情况下 VOCs 的排放量，单位为 kg；

——ρ 为末端治理设施的 VOCs 的处理率。

无水印刷条件即技术 2 情景下 VOCs 的排放量采用实测法进行计算，计算公式如下。

技术 2 情景：

$$O_{VOCs} = \frac{\frac{\sum_{i=1}^{n}(C_i \times L_i)}{m} \times 5 \times 10^{-6}}{P_O} \times P_D \tag{10-3}$$

——O_{VOCs} 为无水印刷条件下，VOCs 的排放量，单位为 kg；

——C_i 为无水印刷条件下，第 i 次监测 VOCs 的小时排放质量浓度，单位为 mg/m^3；

——L_i 为第 i 次监测 VOCs 的烟气排放量，单位为 m^3/h；

——S 为核算时间段内运行小时数，单位为 h；

——P_O 为无水印刷测试期间用纸量，单位为令；

——P_D 为基准情景期间用纸量，单位为令。

（二）CO_2减排量

据前期调研可知，印刷过程中不使用润版液会减少 CO_2的排放，但是估算该排放量与减少电力消耗导致的 CO_2的减排量，发现可忽略不计。因此，本研究基于不同情景下的电力消耗量计算 CO_2排放量。CO_2减排量根据《企业温室气体排放核算方法与报告指南》进行核算，具体计算公示如下：

$$E_{CO_2}=O_{CO_2}/Y_{CO_2}-D_{CO_2} \quad (10-4)$$

——E_{CO_2}为CO_2的减排量，单位为kg；

——O_{CO_2}为无水印刷条件下CO_2的排放量，单位为kg；

——Y_{CO_2}为有水印刷条件下，有末端治理设施情况下（技术2）CO_2的排放量，单位为kg；

——D_{CO_2}为有水印刷条件下，基准情景下CO_2的排放量，单位为kg。

基准情景下CO_2排放量计算公式如下。

基准情景：

$$D_{CO_2}=AD_1\times EF\times 10^3 \quad (10-5)$$

——AD_1为印刷张数为P_D时的用电量，单位为MW·h；

——EF为企业所在区域供电平均CO_2排放因子，单位为t/MW·h。

技术1情景印刷张数为P_Y，在与基准情景相同印刷张数下CO_2排放量计算公式如下。

技术1情景：

$$Y_{CO_2}=\frac{AD_2\times EF\times 10^3}{P_Y}\times P_D \quad (10-6)$$

——AD_2为印刷张数为P_Y时的用电量，单位为MW·h；

——P_Y 为技术情景期间用纸量，单位为令。

技术 2 情景印刷张数为 P_O，在与基准情景相同印刷张数下 CO_2 排放量计算公式如下。

技术 2 情景：

$$O_{CO_2}=\frac{AD_3\times EF\times 10^3}{P_O}\times P_D \tag{10-7}$$

——AD_3 为印刷张数为 P_O 时的用电量，单位为 MW · h。

（三）协同效应系数

本研究采用“协同效应系数”来定量评估采用无水印刷技术和末端治理技术后的协同效应。协同效应系数的具体计算公式如下：

$$协同效应系数=\frac{温室气体减排量}{污染物减排量} \tag{10-8}$$

四　数据来源

本研究中无水印刷技术情景下 VOCs 的浓度通过在企业进行连续 7 天的排放监测获得，监测/检测方法主要包括便携式火焰离子化检测仪（FID）监测和气袋采样+实验室 FID 检测。印刷原辅材料类型及用量、电力消耗等为企业根据领料记录提供的统计数据，原辅材料 VOCs 含量为以往研究经验数据。

第三节　主要结果

一　无水印刷情景下 VOCs 浓度的变化

由图 10-2 可知，使用无水印刷技术后，可以显著降低 VOCs 排放。在其他生产条件相似的情况下，无水印刷相对有水印刷工艺废气浓度水平有明显降低。在未安装末端治理设施的情况下，采用有水印刷技术时，VOCs 的排放浓度最高可达 100 mg/m^3；采用无水印刷时，不同类型的印品（有光油和无光油）对 VOCs 排放浓度影响不大，浓度低于 30 mg/m^3（见图 10-2），低于北京市的 VOCs 排放标准。

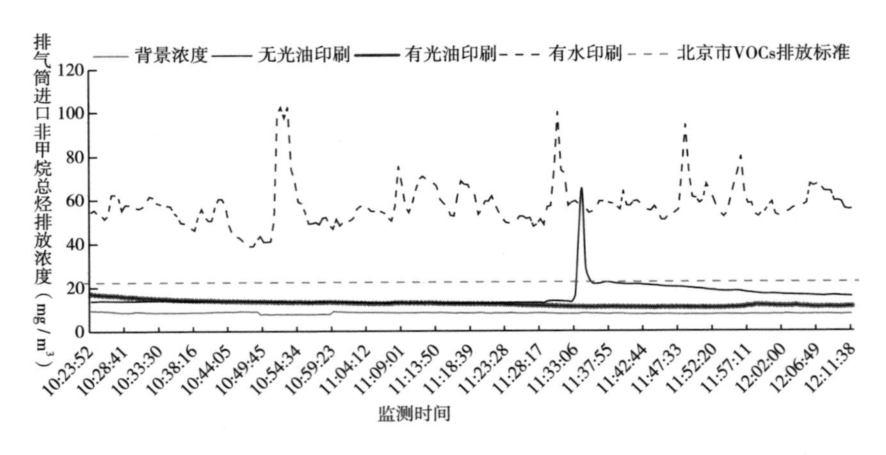

图 10-2　企业 VOCs 有组织排放情况

二　不同情景下 VOCs 排放量的变化

由表 10-4 可知，不同情景下原材料和能源消耗量存在显著差异，技术 2 情景下异丙醇和润版液的消耗量为 0，这也是导致 VOCs 排放量大幅下降的原因。

由图 10-3 可知，在生产同样数量纸张的情况下，不同情景下 VOCs 排放量也存在显著差异。基准情景的 VOCs 排放量最高。从 2018 年全年的生产数据来看，在未安装末端治理设施的情况下，印刷企业全年 VOCs 的排放量为 1710. 39kg。根据表 10-4 的数据，技术 1 情景下 VOCs 的排放量为 855. 195kg，单位油墨 VOCs 排放量为 0. 198 t，单位纸张 VOCs 排放量为 0. 081 t。根据无水印刷测试期间排气筒连续监测数据，有组织废气非甲烷总烃浓度平均为 20mg/m^3，风量平均为 7000m^3/h。按照无水印刷测试期间生产时间为 7 天，每天生产 10 小时，有组织 VOCs 排放总量为 9. 8kg，根据印刷测试期间消耗的油墨和用纸量，技术 2 情景下单位油墨 VOCs 排放量为 0. 151 t，单位纸张 VOCs 排放量为 0. 065 t。

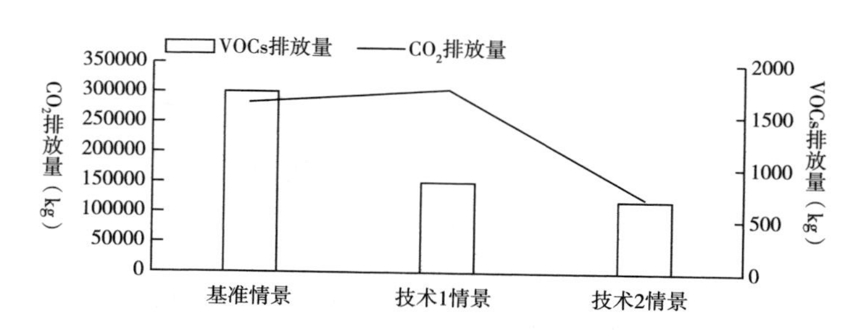

图 10-3　不同情景下 VOCs 和 CO_2 的排放量

与基准情景相比，技术 1 情景即在基准情景基础上增加末端治理设施，在这种情况下，VOCs 的排放量有明显的下降，VOCs 的减排率为 50%；技术 2 情景即采用无水印刷技术后，即使不采用末端治理设施，VOCs 排放量也最低，减排率为 60%左右。

表 10-4 不同情景下原材料和能源消耗量

材料名称	原辅材料 VOCs 含量（%）	基准情景	技术 1 情景	技术 2 情景
		用量		
油墨（kg）	0.03	4320	4320	65
洗车水（kg）	1	397	397	6
光油（kg）	0.03	445	445	80
异丙醇（kg）	1	720	720	0
润版液（kg）	0.15	3000	3000	0
用纸量（令）	—	10560	10560	150
耗电量（kW·h）	—	318217	342857	2040.8

注：表中基准情景和技术 1 情景的原料和耗电量数据为一年，技术 2 情景为试验 7 天期间的运行数据。

三 不同情景下 CO_2 排放量的变化

根据公式（10-5）至（10-7）的计算及图 10-3 可知，使用末端治理设施会增加电力的消耗，根据企业的记录，不同情景下 CO_2 排放量也存在差异。相比基准情景，技术 1 情景下 CO_2 排放量增长了 7.74%，技术 2 情景下 CO_2 排放量降低了 54.85%。

四 不同情景下污染物与温室气体协同减排效应系数的变化

较大的协同效应系数意味着减排单位局地污染物同时产生的温室气

体减排量大，也就说明该技术（区域）实施的污染物减排措施协同效应较好。由表 10-5 可知，技术 2 情景下的协同效应系数为正值，说明采用无水印刷技术后不仅可以减少 VOCs 的排放量，还可以协同减少 CO_2排放量。

表 10-5　不同情景下协同减排效应系数

情景	协同效应系数
技术 1 情景（有水印刷+末端治理设施）	-25.5
技术 2 情景（无水印刷）	150.7

第四节　结论与建议

一　结论

本文以某印刷企业为例，通过实地监测和核算相结合的方式，评估了该企业引进无水印刷技术后污染物和温室气体协同减排的效果，结论有以下几点。

（1）相比基准情景而言，实施无水印刷技术和安装末端治理设施均能减少 VOCs 的排放量，但是不同技术措施的 VOCs 减排效果不同。与安装末端治理设施相比，实施无水印刷技术的 VOCs 的减排效果更佳。

（2）与基准情景相比，实施无水印刷技术后由于停用了末端治理设施，CO_2 排放量显著下降，安装末端治理设施则会增加 CO_2 的排放量。

（3）相比于末端治理措施只能减排 VOCs，以无水印刷为代表的源头替代技术则可以实现 VOCs 和 CO_2的协同减排。如果在印刷行业实施大气污染物和温室气体协同减排，源头替代技术应得到优先实施，而以单一污染物削减为主的末端控制措施减排限度较低。

（4）在产品质量方面，采用无水印刷技术后，有水印刷多发的乳化引起飞磨现象消失，整体的印品颜色较为稳定，能够满足我国对印刷品质量的要求；此外，在经济成本方面，在日本开展的研究表明，使用无水印刷技术，能够节省人力成本，润版液供水装置、管理费等成本也可实现削减；与有水印刷相比，生产效率提高 16%，纸张使用量减少 30%。

二　建议

（1）大力推广无水印刷等源头替代技术，实现污染物与温室气体的协同减排。由于政策激励不足、投入成本高等原因，目前我国印刷行业低 VOCs 含量原辅材料、设备或工艺源头替代等控制措施明显不足。下一步应在科学评估与分析各项减排技术环境效益与经济成本的基础上，考虑印刷行业在源头削减原辅材料 VOCs 的含量，创新工艺，达到源头 VOCs 和 CO_2 协同减排的目的。

（2）出台鼓励使用无水印刷等源头替代技术的激励政策。未来可综合考虑技术的达标情况、适用性等因素，对采用无水印刷等技术的企业实行差异化管理，如采用无水印刷技术的企业可以不使用末端治理设施，在重污染天气时也可以减少检查次数。

（3）进一步减少原材料的投入，减少电力消耗，推动 CO_2的减排。

考虑到印刷行业 CO_2的排放量相对较高，未来可进一步改进工艺过程，减少原材料的投入，通过精细化管理措施减少电力消耗，实现印刷行业 CO_2的减排。

（4）进一步完善评估方法，在行业层面推广污染物与温室气体协同减排评估研究。本研究主要依据企业访谈和现场监测获得了相关数据，其中现场监测的数据时间较短且物料 VOCs 含量的数据采用的是经验数据，给评估结果带来了不确定性。此外，本研究也仅仅采用了一家企业的情况作为案例进行研究，还无法全面评估行业整体的情况。未来，应从全行业的角度出发，针对不同的技术选择进行综合的环境效益和经济成本评估，为印刷行业的协同控制技术的选择提供更加科学的依据。

参考文献

阿迪拉·阿力木江、蒋平、董虹佳、胡彪：《推广新能源汽车碳减排和大气污染控制的协同效益研究——以上海市为例》，《环境科学学报》2020年第40卷第5期，第1873~1883页。

白静：《中国基础设施隐含碳时空变化特征及驱动因素研究》，博士学位论文，兰州大学，2019。

白梓函、吕连宏、赵明轩、张楠、罗宏：《中国对外直接投资的减污降碳效应及其实现机制》，《环境科学》2022年第43卷第10期，第4408~4418页。

卜楚洁、秦军、王灿：《基于情景分析的猪粪管理温室气体减排效应研究》，《贵州大学学报》（自然科学版）2020年第37卷第1期，第

112～118 页。

曹玉博、张陆、王选、马林：《畜禽废弃物堆肥氨气与温室气体协同减排研究》，《农业环境科学学报》2020 年第 39 卷第 4 期，第 923～932 页。

柴麒敏：《全国“一盘棋”积极主动作为推动碳达峰碳中和》，《中国环境报》2021 年 1 月 25 日，第 02 版。

常树诚、郑亦佳、曾武涛、廖程浩、罗银萍、王龙、张永波：《碳协同减排视角下广东省 $PM_{2.5}$ 实现 WHO－Ⅱ目标策略研究》，《环境科学研究》2021 年第 34 卷第 9 期，第 2105～2112 页。

陈菡、陈文颖、何建坤：《实现碳排放达峰和空气质量达标的协同治理路径》，《中国人口·资源与环境》2020 年第 30 卷第 10 期，第 12～18 页。

陈亮、王金泓、何涛、周志华、李巧茹、杨文伟：《基于 SVR 的区域交通碳排放预测研究》，《交通运输系统工程与信息》2018 年第 18 卷第 2 期，第 13～19 页。

池莉：《基于 LEAP 模型的北京市未来客运交通能源需求和污染物排放预测》，硕士学位论文，北京交通大学，2014。

邓红梅：《温室气体减排的协同效应建模与应用研究》，博士学位论文，北京理工大学，2018。

董战峰、周佳、毕粉粉、宋祎川、张哲予、彭忱、赵元浩：《应对气候变化与生态环境保护协同政策研究》，《中国环境管理》2021 年第 13 卷第 1 期，第 25～34 页。

范育洁、曲建升、张洪芬、徐丽、白静、吴金甲：《西北五省区交通碳排放现状及影响因素研究》，《生态经济》2019 年第 35 卷第 9 期，第 32~37、67 页。

方奕：《上海市大气污染减排协同效应研究》，博士学位论文，上海交通大学，2020。

冯冬：《京津冀城市群碳排放：效率、影响因素及协同减排效应》，博士学位论文，天津大学，2020。

冯相昭、蔡博峰：《中国道路交通系统的碳减排政策综述》，《中国人口·资源与环境》2012 年第 22 卷第 8 期，第 10~15 页。

冯相昭、毛显强：《我国城市大气污染防治政策协同减排温室气体效果评价——以重庆为案例》，载谢伏瞻、刘雅鸣、陈迎、巢清尘、胡国权、潘家华主编《气候变化绿皮书：应对气候变化报告（2018）：聚首卡托维兹》，北京：社会科学文献出版社，2018，第 181~191 页。

冯相昭、田春秀：《应对气候变化与生态环境协同治理吹响集结号》，《中国能源报》2021 年 2 月 1 日，第 19 版。

冯相昭、王敏、梁启迪：《机构改革新形势下加强污染物与温室气体协同控制的对策研究》，《环境与可持续发展》2020 年第 45 卷第 1 期，第 146~149 页。

冯相昭、赵梦雪、王敏、杜晓林、田春秀、高霁：《中国交通部门污染物与温室气体协同控制模拟研究》，《气候变化研究进展》2021 年第 17 卷第 3 期，第 279~288 页。

付加锋、冯相昭、高庆先、马占云、刘倩、李迎新、吕连宏：《城镇污水处理厂污染物去除协同控制温室气体核算方法与案例研究》，《环境科学研究》2021 年第 34 卷第 9 期，第 2086~2093 页。

傅京燕、原宗琳：《中国电力行业协同减排的效应评价与扩张机制分析》，《中国工业经济》2017年第2期，第43~59页。

高玉冰、毛显强、Gabriel Corsetti、魏毅：《城市交通大气污染物与温室气体协同控制效应评价——以乌鲁木齐市为例》，《中国环境科学》2014年第34卷第11期，第2985~2992页。

高玉冰、邢有凯、何峰、蒯鹏、毛显强：《中国钢铁行业节能减排措施的协同控制效应评估研究》，《气候变化研究进展》2021年第17卷第4期，第388~399页。

高壮飞：《长三角城市群碳排放与大气污染排放的协同治理研究》，博士学位论文，浙江工业大学，2019。

顾阿伦、滕飞、冯相昭：《主要部门污染物控制政策的温室气体协同效果分析与评价》，《中国人口·资源与环境》2016年第26卷第2期，第10~17页。

国家统计局：《中国统计年鉴2021》，北京：中国统计出版社，2021。

国家统计局、生态环境部：《中国环境统计年鉴2021》，北京：中国统计出版社，2021。

何峰、刘峥延、邢有凯、高玉冰、毛显强：《中国水泥行业节能减排措施的协同控制效应评估研究》，《气候变化研究进展》2021年第17卷第4期，第400~409页。

胡涛、田春秀、李丽平：《协同效应对中国气候变化的政策影响》，《环境保护》2004年第9期，第56~58页。

胡涛、吴玉萍、庞军、郭红燕、宋鹏：《入世十年我国对外贸易的宏观环境影响研究》，《环境与可持续发展》2011年第36卷第3期，第

20～24 页。

黄蕊、王铮、丁冠群、龚洋冉、刘昌新：《基于 STIRPAT 模型的江苏省能源消费碳排放影响因素分析及趋势预测》，《地理研究》2016 年第 35 卷第 4 期，第 781～789 页。

黄莹、焦建东、郭洪旭、廖翠萍、赵黛青：《交通领域二氧化碳和污染物协同控制效应研究》，《环境科学与技术》2021 年第 44 卷第 7 期，第 20～29 页。

黄永明、陈小飞：《中国贸易隐含污染转移研究》，《中国人口·资源与环境》2018 年第 28 卷第 10 期，第 112～120 页。

惠婧璇：《基于中国省级电力优化模型的低碳发展健康影响研究》，博士学位论文，清华大学，2018。

贾璐宇、王艳华、王克、邹骥：《大气污染防治措施二氧化碳协同减排效果评估》，《环境保护科学》2020 年第 46 卷第 6 期，第 19～26 页。

江媛、刘晓龙、崔磊磊、李彬、杜祥琬：《“无废城市”建设与温室气体减排协同推进策略研究》，《环境保护》2021 年第 49 卷第 7 期，第 52～56 页。

姜玲玲、丁爽、刘丽丽、滕婧杰、崔磊磊、杜祥琬：《“无废城市”建设与碳减排协同推进研究》，《环境保护》2022 年第 50 卷第 11 期，第 39～43 页。

姜晓群、王力、周泽宇、董利锋：《关于温室气体控制与大气污染物减排协同效应研究的建议》，《环境保护》2019 年第 47 卷第 19 期，第 31～35 页。

景美婷：《京津冀区域交通运输业碳排放驱动因子分解及预测研究》，

硕士学位论文，天津理工大学，2019。

李健、王孟艳、高杨：《基于 STIRPAT 模型的天津市低碳发展驱动力影响分析》，《科技管理研究》2014 年第 34 卷第 15 期，第 66~71 页。

李丽平、姜苹红、李雨青、廖勇、赵嘉：《湘潭市“十一五”总量减排措施对温室气体减排协同效应评价研究》，《环境与可持续发展》2012 年第 37 卷第 1 期，第 36~40 页。

李丽平、任勇、田春秀：《国际贸易视角下的中国碳排放责任分析》，《环境保护》2008 年第 6 期，第 62~64 页。

李丽平、周国梅、季浩宇：《污染减排的协同效应评价研究——以攀枝花市为例》，《中国人口·资源与环境》2010 年第 20 卷第 S2 期，第 91~95 页。

李敏姣、李燃、李怀明、尹立峰、张雷波、王荫荫、郭洪鹏：《天津市“十三五”期间大气污染防治措施对 $PM_{2.5}$ 和 CO_2 的协同控制效益分析》，《环境污染与防治》2021 年第 43 卷第 12 期，第 1614~1619、1624 页。

李薇、汤烨、徐毅、解玉磊、贾杰林：《城市污水处理行业污染物减排与 CO_2 协同控制研究》，《中国环境科学》2014 年第 34 卷第 3 期，第 681~687 页。

李玮、孙文：《省域交通运输业碳排放时空分布特征》，《系统工程》2016 年第 34 卷第 11 期，第 30~38 页。

李新、路路、穆献中、秦昌波：《京津冀地区钢铁行业协同减排成本-效益分析》，《环境科学研究》2020 年第 33 卷第 9 期，第 2226~2234 页。

李媛媛、李丽平、冯相昭、刘金淼：《污染物与温室气体协同控制方案建议》，《中国环境报》2020年7月28日，第3版。

李媛媛、李丽平、姜欢欢、刘金淼：《加强国际合作，统筹温室气体和污染物协同控制》，《中国环境报》2021年1月22日，第03版。

李云燕、宋伊迪：《碳中和目标下的北京城市道路移动源CO_2和大气污染物协同减排效应研究》，《中国环境管理》2021年第13卷第3期，第113~120页。

刘杰、刘紫薇、焦珊珊、王丽、唐智亿：《中国城市减碳降霾的协同效应分析》，《城市与环境研究》2019年第4期，第80~97页。

刘俊伶、孙一赫、王克、邹骥、孔英：《中国交通部门中长期低碳发展路径研究》，《气候变化研究进展》2018年第14卷第5期，第513~521页。

刘茂辉、刘胜楠、李婧、孙猛、陈魁：《天津市减污降碳协同效应评估与预测》，《中国环境科学》2022年第42卷第8期，第3940~3949页。

刘胜强、毛显强、胡涛、曾桉、邢有凯、田春秀、李丽平：《中国钢铁行业大气污染与温室气体协同控制路径研究》，《环境科学与技术》2012年第35卷第7期，第168~174页。

刘映萍：《中国碳交易机制的多污染物协同减排效应分析》，硕士学位论文，暨南大学，2019。

卢升荣、蒋惠园、刘瑶：《交通运输业CO_2排放区域差异及影响因素》，《交通运输系统工程与信息》2017年第17卷第1期，第32~39页。

马丁、陈文颖：《中国钢铁行业技术减排的协同效益分析》，《中国环境科学》，2015年第35卷第1期，第298~303页。

马喜立：《大气污染治理对经济影响的CGE模型分析》，博士学位论文，对外经济贸易大学，2017。

毛显强、邢有凯、高玉冰、何峰、曾桉、蒯鹏、胡涛等：《温室气体与大气污染物协同控制效应评估与规划》，《中国环境科学》2021年第41卷第7期，第3390~3398页。

毛显强、邢有凯、胡涛、曾桉、刘胜强：《中国电力行业硫、氮、碳协同减排的环境经济路径分析》，《中国环境科学》2012年第32卷第4期，第748~756页。

毛显强、曾桉、胡涛、邢有凯、刘胜强：《技术减排措施协同控制效应评价研究》，《中国人口·资源与环境》2011年第21卷第12期，第1~7页。

毛显强、曾桉、刘胜强、胡涛、邢有凯：《钢铁行业技术减排措施硫、氮、碳协同控制效应评价研究》，《环境科学学报》2012年第32卷第5期，第1253~1260页。

毛显强、曾桉、邢有凯、高玉冰、何峰：《从理念到行动：温室气体与局地污染物减排的协同效益与协同控制研究综述》，《气候变化研究进展》2021年第17卷第3期，第255~267页。

潘安：《全球价值链分工对中国对外贸易隐含碳排放的影响》，《国际经贸探索》2017年第33卷第3期，第14~26页。

潘鹏飞：《基于LEAP模型的河南省交通运输节能减排潜力分析》，硕士学位论文，河南农业大学，2014。

庞可、张芊、马彩云、祝禄祺、陈恒蕤、孔祥如、潘峰、杨宏：《基于

LEAP 模型的兰州市道路交通温室气体与污染物协同减排情景模拟》，《环境科学》2022 年第 43 卷第 7 期，第 3386~3395 页。

邱凯、耿宇、唐翀、曹晓静、潘涛：《昆明市交通领域减污降碳措施协同性研究》，《城市交通》2022 年第 20 卷第 3 期，第 83~89 页。

任明：《京津冀地区钢铁行业能源、大气污染物和水协同控制研究》，博士学位论文，中国矿业大学（北京），2019。

任亚运、傅京燕：《碳交易的减排及绿色发展效应研究》，《中国人口·资源与环境》2019 年第 29 卷第 5 期，第 11~20 页。

孙泽亮：《我国高耗能行业节能减排协同效应及影响因素研究》，硕士学位论文，西安建筑科技大学，2020。

孙振清、李欢欢、刘保留：《空间外溢视角下的区域碳减排与环境协同治理——基于京津冀部分地区面板数据分析》，《调研世界》2020 年第 12 期，第 10~16 页。

谭琦璐：《中国主要行业温室气体减排的共生效益分析》，博士学位论文，清华大学，2015。

谭琦璐、杨宏伟：《京津冀交通控制温室气体和污染物的协同效应分析》，《中国能源》2017 年第 39 卷第 4 期，第 25~31 页。

唐松林、刘世粉：《并网陆上风电协同效益分析》，《生态经济》2017 年第 33 卷第 7 期，第 75~77、102 页。

陶长琪、徐志琴：《融入全球价值链有利于实现贸易隐含碳减排吗?》，《数量经济研究》2019 年第 10 卷第 1 期，第 16~31 页。

田丹宇、常纪文：《大气污染物与二氧化碳协同减排制度机制的建构》，《法学杂志》2021 年第 42 卷第 4 期，第 101~107 页。

田璐璐、王姗姗、王克、岳辉、王逸欣、刘磊、张瑞芹：《河南省水泥行业节能潜力及协同减排效果分析》，《硅酸盐通报》2016 年第 35 卷第 12 期，第 3915~3924、3947 页。

王碧云、刘永红、廖文苑、李丽、丁卉、陈进财：《非珠三角机动车尾气控制措施协同效果评估》，《环境科学与技术》2019 年第 42 卷第 6 期，第 176~183 页。

王涵、李慧、王涵、王淑兰、张文杰：《我国减污降碳与地区经济发展水平差异研究》，《环境工程技术学报》2022 年第 12 卷第 5 期，第 1584~1592 页。

王金南、宁淼、严刚、杨金田：《实施气候友好的大气污染防治战略》，《中国软科学》2010 年第 10 期，第 28~36、111 页。

王琳杰、曾贤刚、段存儒、余辉、杨媚：《鄱阳湖沉积物重金属污染影响因素分析——基于 STIRPAT 模型》，《中国环境科学》2020 年第 40 卷第 8 期，第 3683~3692 页。

王宁静、魏巍贤：《中国大气污染治理绩效及其对世界减排的贡献》，《中国人口 · 资源与环境》2019 年第 29 卷第 9 期，第 22~29 页。

王同桂、吴莉萍、张灿、陈军：《碳减排项目协同效益评价体系构建研究——以重庆市某水泥厂余热发电项目为例》，《环境影响评价》2019 年第 41 卷第 6 期，第 86~90 页。

王薇、邢智仓：《内蒙古清洁发展机制项目协同减排效应研究》，《前沿》2020 年第 4 期，第 96~102、124 页。

王雨彤：《“双碳”背景下中国减污降碳协同治理的法治化路径》，《世界环境》2021 年第 4 期，第 88~89 页。

吴建平、李彦、杨小力：《促进温室气体和大气污染物协同控制的建议》，《中国经贸导刊（中）》2019 年第 8 期，第 39~41 页。

吴潇萌：《中国道路机动车空气污染物与 CO_2 排放协同控制策略研究》，博士学位论文，清华大学，2016。

夏伦娣、杨卫华：《“煤改电”对温室气体与大气污染物的协同减排效益评估》，《节能》2019 年第 38 卷第 11 期，第 142~145 页。

肖劲松、杨聪：《大气污染物和温室气体排放协同控制在交通行业的实践》，《绿叶》2012 年第 6 期，第 111~118 页。

谢元博、李巍：《基于能源消费情景模拟的北京市主要大气污染物和温室气体协同减排研究》，《环境科学》2013 年第 34 卷第 5 期，第 2057~2064 页。

邢有凯、刘峥延、毛显强、高玉冰、何峰、余红：《中国交通行业实施环境经济政策的协同控制效应研究》，《气候变化研究进展》2021 年第 17 卷第 4 期，第 379~387 页。

邢有凯、毛显强、冯相昭、高玉冰、何峰、余红、赵梦雪：《城市蓝天保卫战行动协同控制局地大气污染物和温室气体效果评估——以唐山市为例》，《中国环境管理》2020 年第 12 卷第 4 期，第 20~28 页。

徐双双：《京津冀道路交通协同减排机理分析及政策模拟》，硕士学位论文，中国石油大学（北京），2019。

许光清、温敏露、冯相昭、郭沛阳：《城市道路车辆排放控制的协同效应评价》，《北京社会科学》2014 年第 7 期，第 82~90 页。

严刚、雷宇、蔡博峰、曹丽斌：《强化统筹、推进融合，助力碳达峰目标实现》，《中国环境报》2021 年 1 月 26 日，第 03 版。

杨宏伟：《应用 AIM/Local 中国模型定量分析减排技术协同效应对气候变化政策的影响》，《能源环境保护》2004 年第 2 期，第 1~4 页。

杨森、许平祥、白兰：《京津冀生态化路径的差异化与协同效应研究——基于 STIRPAT 模型行业动态面板数据的 GMM 分析》，《工业技术经济》2019 年第 38 卷第 12 期，第 84~92 页。

叶芳羽、单汨源、李勇、张青：《碳排放权交易政策的减污降碳协同效应评估》，《湖南大学学报》（社会科学版）2022 年第 36 卷第 2 期，第 43~50 页。

于灏、杨瑞广、张跃军、汪寿阳：《城市客运交通能源需求与环境排放研究——以北京为例》，《北京理工大学学报》（社会科学版）2013 年第 5 期，第 10~15 页。

余广彬、张正芝、丁莹莹：《碳达峰和碳中和目标下工业园区减污降碳路径探析》，《低碳世界》2021 年第 11 卷第 6 期，第 68~69 页。

曾诗鸿、李璠、翁智雄、钟震：《我国碳交易试点政策的减排效应及地区差异》，《中国环境科学》2022 年第 42 卷第 4 期，第 1922~1933 页。

张彬、李丽平、赵嘉、张莉：《贸易隐含碳责任问题分析与驱动因素研究》，《城市与环境研究》2021 年第 4 期，第 61~75 页。

张国兴、樊萌萌、马睿琨、林伟纯：《碳交易政策的协同减排效应》，《中国人口·资源与环境》2022 年第 32 卷第 3 期，第 1~10 页。

张昊楠：《机动车排放管控对空气污染物和温室气体的协同治理效应研究》，博士学位论文，天津财经大学，2020。

赵立祥、赵蓉、张雪薇：《碳交易政策对我国大气污染的协同减排有效性研究》，《产经评论》2020年第11卷第3期，第148~160页。

赵敏、胡静、戴洁、李立峰、朱环、蒋文燕、胡冬雯、周晟吕、裘季冰、王婧、胡宁：《上海市污水处理对温室气体排放的影响与协同减排研究》，上海市环境科学研究院，2016年。

钟帅：《基于CGE模型的水资源定价机制对农业经济的影响研究》，博士学位论文，中国地质大学（北京），2015。

周健、崔胜辉、林剑艺、李飞：《基于LEAP模型的厦门交通能耗及大气污染物排放分析》，《环境科学与技术》2011年第34卷第11期，第164~170页。

周颖、刘兰翠、曹东：《二氧化碳和常规污染物协同减排研究》，《热力发电》2013年第42卷第9期，第63~65页。

周颖、张宏伟、蔡博峰、何捷：《水泥行业常规污染物和二氧化碳协同减排研究》，《环境科学与技术》2013年第36卷第12期，第164~168页。

朱利、秦翠红：《基于清洁能源替代的港口SO_2和CO_2协同减排研究》，《中国水运（下半月）》2018年第18卷第10期，第136~137页。

朱松丽：《私人汽车拥有率预测模型综述》，《中国能源》2005年第27卷第10期，第37~40页。

Aguiar A., Chepeliev M., Corong E. L., et al., "The GTAP Data Base: Version 10." *Journal of Global Economic Analysis* 4 (1), 2019, pp. 1-27.

Arce G., López L. A., Guan D., "Carbon Emissions Embodied in International Trade.: The Post-China Era." *Applied Energy*184, 2016, pp. 1063-1072.

Aunan K., Fang J., Hu T., et al., "Climate Change and Air Quality—Measures with Co-Benefits in China." *Environmental Science & Technology* 40 (16), 2006, pp. 4822–4829.

Ayres R. U. and Walter J., "The Greenhouse Effect: Damages, Costs And Abatement." *Environmental and Resource Economics* 1, 1991, pp. 237–270.

Böhringer C., Rutherford T. F., Wiegard W., "Computable General Equilibrium Analysis: Opening a Black Box." *ZEW Discussion Papers*, 2003.

Cezar R., Polge T., "CO_2 Emissions Embodied in International Trade." *Bulletin de la Banque de France* 228 (1), 2020.

Chepeliev M., "Development of the Air Pollution Database for the GTAP 10A Data Base." Global Trade Analysis Project (GTAP), Department of Agricultural Economics, Purdue University West Lafayette, IN, 2020.

Cifuentes L., Borja-Aburto V. H., Gouveia N., et al., "Climate change: Hidden Health Benefits of Greenhouse Gas Mitigation." *Science* 293 (5533), 2001, pp. 1257–1259.

Feng X. Z., Lugovoy O., Qin H., "Co-controlling CO_2 and NO_x Emission in China's Cement Industry: An Optimal Development Pathway Study." *Advances in Climate Change Research* 9, 2018, pp. 34–42.

Guo Y., Tian J., Zang N., Gao Y., Chen L., "The Role of Industrial Parks in Mitigating Greenhouse Gas Emissions from China." *Environmental Science & Technology* 52 (14), 2018, pp. 7754–7762.

He L. Y., Chen Y., "Thou Shalt Drive Electric and Hybrid Vehicles:

Scenario Analysis on Energy Saving and Emission Mitigation for Road Transportation Sector in China." *Transport Policy* 25, 2013, pp. 30-40.

Hullinger D. R., "Taylor Enterprise Dynamics." *Proceedings of the 31st Conference on Winter Simulation: Simulation—A Bridge to the Future* 1, 1999, pp. 227-229.

IPCC, *Climate Change* 1995: *Economic and Social Dimensions of Climate Change*, Cambridge: Cambridge University Press, 1995.

IPCC, *Climate Change* 2001: *Mitigation*, Cambridge: Cambridge University Press, 2001.

IPCC, *Climate Change* 2014: *Synthesis Report*, Cambridge: Cambridge University Press, 2014, p. 151.

Izaguirre C., Losada I. J., Camus P., Vigh J. L. Stenek V., "Climate Change Risk to Global Port Operations." *Nature Climate Change* 11 (1), 2021, pp. 14-20.

Johansen B. L., *A Multi-Sectoral Study of Economic Growth*, North-Holland Pub. Co., 1960.

Kander A., Jiborn M., Moran D. D., et al., "National Greenhouse-gas Accounting for Effective Climate Policy on International Trade." *Nature Climate Change* 5 (5), 2015, pp. 431-435.

Kjellstrom T., Holmer I., Lemke B., "Workplace Heat Stress, Health and Productivity—An Increasing Challenge for Low and Middle-income Countries During Climate Change." *Global Health Action* 2 (1), 2009, p. 2047.

Klein R. J. T. , Midglev G. F. , Preston B. L. , et al. , "Climate Change 2014: Impacts, Adaptation, and Vulnerability." *IPCC Fifth Assessment Report*, Sweden: Stockholm, 2014.

Lanz B. , Rutherford T. F. , "GTAPINGAMS, Version 9: Multiregional and Small Open Economy Models with Alternative Demand Systems." IRENE Working paper, University of Neuchatel: Institute of Economic Research, 2016.

Liu Z. , Davis S. J. , Feng K. , et al. , "Targeted Opportunities to Address the Climate Trade Dilemma in China." Nature Climate Change 6 (2), 2016, pp. 201-206.

Liu Z. , Mao X. , Song P. , "GHGs and Air Pollutants Embodied in China's International Trade: Temporal and Spatial Index Decomposition Analysis." *Plos One*, 12 (4), 2017, e0176089.

Mao X. Q. , Zeng A. , Hu T. , et al. , "Co-control of Local Air Pollutants and CO_2 from the Chinese Coal-fired Power Industry." *Journal of Cleaner Production* 67, 2014, pp. 220-227.

Mao X. Q. , Zeng A. , Hu T. , et al. , "Co-control of Local Air Pollutants and CO_2 in the Chinese Iron and Steel Industry." *Environmental Science & Technology* 47 (21), 2013, pp. 12002-12010.

Markusen J. R. , Morey E. R. , Olewiler N. , "Competition in Regional Environmental Policies when Plant Locations are Endogenous." *Journal of Public Economics* 56 (1), 1995, pp. 55-77.

NBSC, *China Statistical Yearbook on Environment*, China Statistics Press, 2015.

Oates W. E., Schwab R. M., "Economic Competition among Jurisdictions: Efficiency Enhancing or Distortion Inducing." *Journal of Public Economics* 35 (3), 1988, pp. 333-354.

Ou J., Huang Z., Klimont Z., Jia G., Zhang S., Li C., Meng J., Mi Z., Zheng H., Shan Y., Louie P. K. K., Zheng J., Guan D., "Role of Export Industries on Ozone Pollution and its Precursors in China." *Nature Communications* 11 (1), 2020, p. 5492.

Pearce D. W., *The Secondary Benefits of Greenhouse Gas Control*, 1992, 2020-12-01, http://cserge.ac.uk/sites/default/files/gec_1992_12.pdf.

Peng B., Du H., Ma S., et al., "Urban Passenger Transport Energy Saving and Emission Reduction Potential: A Case Study for Tianjin, China." *Energy Conversion & Management* 102, 2015, pp. 4-16.

Scheffe R., Hubbell B., Fox T., et al., "The Rationale for a Multi-pollutant, Multimedia Air Quality Management Framework." *Air & Waste Management Association* 5, 2007, pp. 14-20.

Seppanen O., Fisk W. J., Faulkner D., "Cost Benefit Analysis of the Night-time Ventilative Cooling in Office Building." Berkeley (C. A): Lawrence Berkeley National Laboratory, 2003.

Stewart B. C., "Impacts, Risks, and Adaptation in the United States: Fourth National Climate Assessment." Volume II, Washington D. C.: U. S. Global Change Research Program (USGCRP), 2018.

Somanathan E., Somanathan R., Sudarshan A., Tewari M., "The Impact of Temperature on Productivity and Labor Supply: Evidence from

Indian Manufacturing." *Journal of Political Economy* 129 (6), 2021, pp. 1797–1827.

Tian K., Zhang Y., Li Y., Ming X., Jiang S., Duan H., Yang C., Wang S., "Regional Trade Agreement Burdens Global Carbon Emissions Mitigation." *Nature Communications* 13 (1), 2022, p. 408.

United Nations Development Programme (UNDP), "Climate Change and Labour: Impacts of Heat in the Workplace." New York: UNDP, 2016.

Van Long N., Siebert H., "Institutional Competition Versus Ex-Ante Harmonization: The Case of Environmental Policy." *Journal of Institutional and Theoretical Economics* 147, 1991, pp. 296–311.

Van Vuuren D. P., Cofala J., Eerens H. E., et al., "Exploring the Ancillary Benefits of the Kyoto Protocol for Air Pollution in Europe." *Energy Policy* 34 (4), 2006, pp. 444–460.

Wang T., Watson J., "China's Carbon Emissions and International Trade: Implications for Post – 2012 Policy." *Climate Policy* 8 (6), 2008, pp. 577–587.

Wood R., Grubb M., Anger-Kraavi A., et al., "Beyond Peak Emission Transfers: Historical Impacts of Globalization and Future Impacts of Climate Policies on International Emission Transfers." *Climate Policy* 20 (S1), 2020, pp. 14–27.

Xue B., Ma Z., Geng Y., et al., "A life Cycle Co-benefits Assessment of Wind Power in China." *Renewable & Sustainable Energy Reviews* 41, 2015, pp. 338–346.

York R., Rosa E. A., Dietz T., "A Rift in Modernity? Assessing the Anthropogenic Sources of Global Climate Change with the Stirpat Model." *International Journal of Sociology and Social Policy* 23 (10), 2003, pp. 31-51.

Zhang Y. W., Geng Y., Zhang B., Yang S., Izikowitz D. V., Yin H., Wu F., Yu H., Liu H., Zhou W., "Examining Industrial Air Pollution Embodied in Trade: Implications of a Hypothetical China-UK FTA." *Environment, Development and Sustainability*, 2022, pp. 1-27.

图书在版编目(CIP)数据

减污降碳协同增效政策与实践. 一 / 李丽平等著
. -- 北京:社会科学文献出版社,2023. 7
(中国生态文明理论与实践研究丛书)
ISBN 978-7-5228-1997-6

Ⅰ. ①减… Ⅱ. ①李… Ⅲ. ①生态环境-环境保护政策-研究-中国 Ⅳ. ①X-012

中国国家版本馆 CIP 数据核字(2023)第 115825 号

· 中国生态文明理论与实践研究丛书 ·
减污降碳协同增效政策与实践(一)

著　　者 / 李丽平　杨儒浦　冯相昭　李媛媛 等

出 版 人 / 王利民
责任编辑 / 胡庆英
责任印制 / 王京美

出　　版 / 社会科学文献出版社 · 群学出版分社 (010) 59367002
地址: 北京市北三环中路甲 29 号院华龙大厦　邮编: 100029
网址: www. ssap. com. cn
发　　行 / 社会科学文献出版社 (010) 59367028
印　　装 / 三河市龙林印务有限公司

规　　格 / 开 本: 787mm × 1092mm　1/16
印 张: 17　字 数: 200 千字
版　　次 / 2023 年 7 月第 1 版　2023 年 7 月第 1 次印刷
书　　号 / ISBN 978-7-5228-1997-6
定　　价 / 98.00 元

读者服务电话: 4008918866